바다를 품은 정원

오경아의
한국 정원 기행
1

바다를
품은
정원

낙원을 꿈꾸는 해상 농원
외도 보타니아

오경아 지음

남해의봄날

차례

①

외도
보타니아,

섬에서
정원으로

외도의 숨겨진 시간과
빛나는 시간

드라마 〈겨울연가〉에서 시력을 잃은 강준상을 연기한 배용준의 사진이 지금도 걸려 있는 곳. 대청처럼 열린 거실에서 해금강의 모습이 그대로 보이는 곳, 외도 보타니아 최호숙 회장의 개인 숙소 리하우스의 거실 풍경이다(최근 이 오래된 건물을 헐고 새로운 디자인으로 건축 중이다). 관람객은 입장이 불가능한 곳이지만, 가끔 이곳을 찾으면 최호숙 회장과 밤늦게까지 일을 하고, 하룻밤을 머무는 특전을 누리곤 한다.

이곳에서 맞는 새벽은 말 그대로 지상 낙원이 따로 없다. 아직 관람객이 들어오지 않은 시간, 외도는 온통 새, 파도, 바람, 식물의 세상이다. 탁 트인 거실에 놓인 묵직한 철재 의자에 앉아서 언젠가 그는 내게 이런 말을 했다.

"해금강의 풍경은 여기에서 보는 게 최고지. 이걸 나만 보잖아."
그 풍경이 마치 지금까지 살아온 삶에 대한 보상인듯 얼굴에
뿌듯함이 가득했다.

최호숙 회장과 우리 부부의 인연은 생각보다 깊다. 내가 가든
디자인을 공부하기 위해 영국으로 떠나기도 전인 2003년 즈음
이었을 것이다. 당시 전원주택 붐이 일고 있을 때, 함께 공동으
로 땅을 사서 아름다운 시골 생활을 해 보자고 뭉친 지인이 여
럿 있었다. 물론 그 계획은 이뤄지지 않았지만, 그때의 지인 중
한 명이 바로 그였다. 만약 그 계획이 성공했다면 우리는 이웃
이 되었을지도 모른다.
내가 정원 공부를 하겠다고 두 딸을 데리고 영국으로 유학을 떠
나고, 그곳에서 공부를 하고, 다시 돌아오는 7년간의 과정을 그
는 내내 지켜봤다. 내 나이가 그의 막내딸과 같으니 지켜보는
마음이 더 돈독했을 듯도 싶다. 유학 중에 그는 두 번이나 영국
정원을 보러 왔고, 우리는 함께 남에서 북으로, 동에서 서로 정
말 샅샅이 영국 정원을 찾아 돌아다녔다. 내가 외도라는 섬이 어
떻게 탄생했는지 제대로 알기 시작한 것도 그때다. 찾아가는 정
원마다 그의 모든 생각은 집요할 정도로 외도로 향하고 있었다.

"외도에도 이런 걸 좀 해야겠네. 우리 외도가 가팔라서 비 오면 미끄러지는데 이렇게 바닥을 깔면 덜 미끄럽겠어."
"이 나무가 외도에서도 자랄 수 있을까? 씨라도 좀 구할 수 없나?"
"이 큰 조각물을 가져갈 수는 없고, 작게 하나 만들어 달라고 해서 가져가면 내가 어떻게 해서든 크게 만들어 볼 수 있을 것 같은데 방법이 없나?"

적어도 내가 경험한 동안 그는 하루 종일, 불면증에 시달리는 밤까지도 늘 외도에 매달렸다. 한번은 내가 어떻게 그렇게 쉬지 않고 일할 수 있느냐고 물었을 때, 그는 명쾌하게 답했다.
"난 이게 재미있어. 세상 어떤 일을 해도 이보다 더 재미있는 게 없어."
그렇게 평생을 바칠 수 있는 재미있는 일, 하고 싶은 일을 가질 수 있다는 건 정말 대단한 행복일 거라는 생각도 들었지만, 한편으로는 그 고단함이 결국 평생 동안 시달리고 있는 불면증의 고통으로 돌아오는구나 하는 생각도 지울 수가 없었다.

언젠가 그는 내게 이런 말도 했다.

"외도의 진짜 모습은 말이야, 태풍이 치는 날이야. 산더미 같은 파도가 덮쳐 오면, 내가 이러다 죽겠구나 싶기도 하지만, 온 섬이 파도와 바람에 흔들리는데도, 또 꼿꼿하게 서 있거든. 나무도 풀들도 그 모진 걸 견디는 거야. 그런데 나도 만만치 않거든. 파도랑 바람이랑 불어와도 그걸 또 견디는 거야. 그게 진짜 외도지."

젊은 시절 그는 태풍이 온다고 하면 직원들을 모두 내보내고 홀로 섬을 지켰다고 한다. 그 어떤 관광객도 보지 못한 외도의 숨겨진 모습을 기억하는 유일한 사람인 것이다. 외도의 빛나는 모습은 이런 숨겨진 시간을 묵묵히 견뎌낸 그가 있었기에 가능했다는 것을 잘 안다. 하지만 그의 말은 이게 끝이 아니었다.

"고통의 시간은 다 내가 갖고 가는 거야. 대신 사람들에겐 낭만만 주는 거지. 외국 잡지를 보다 보면 말이야. 사람들이 그렇게 정원에서 파티를 하잖아. 난 정원에서 파티를 하고 싶어. 등 파인 드레스도 한번 멋지게 입고 클래식 연주도 하고 말이야. 얼마나 행복해. 인생 살면서 그렇게 한 번 살다 가야지."

어찌 보면 '이런 이유로 정원을 만들었나?' 의아할 수도 있지만 실은 이것만큼 확실한 답도 없다. 우리는 왜 정원을 만들고 있을까? 결국 정원에서 내 삶의 가장 예쁘고, 즐거운 시간을 꿈꾸기 때문이다. 그게 파티든, 잔치든. 누구보다 자신이 왜 정원을 만들고 있는지를 잘 아는 사람, 최호숙 회장이 꿈꾸었던 모든 상상이 지금의 외도 보타니아를 만든 셈이다.

외도에서 무엇을 보고 와야 할까? 여기에 심오한 학습이나 자료들이 있는 것이 아니다. 이곳에는 한 개인이 꿈꾼 상상의 나래가 펼쳐져 있다. 그 상상 속을 걸으며 나 역시 꿈꾸듯 한바탕 축제를 즐겁게 즐기면 된다.

외도
보타니아,

섬에서
정원으로

외도는 경상남도 거제시 일운면에 위치하고 있으며, 한려해상국립공원에 속한 작은 섬이다. 섬 면적은 14만 5583m²로 대략 4만 4천 평에 이른다. 섬 전체가 외도 보타니아라는 섬정원으로 가꾸어져 있으며, 자생식물, 난대식물, 아열대식물, 희귀종 식물을 포함해 1천여 종의 식물이 자라고 있다.

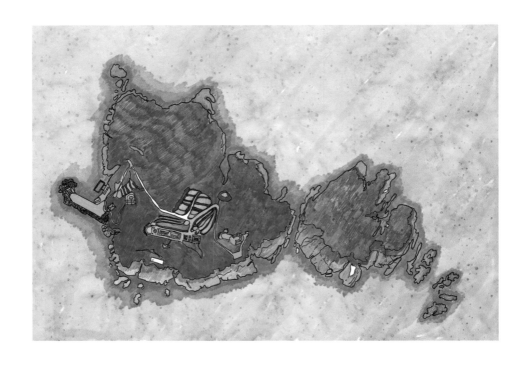

어디에
있을까?

우리나라 지도를 세로로 반으로 접어 보면 가장 남쪽 가운데에서 약간 동쪽에 거제도가 있습니다. 행정구역상 경상남도로 동쪽으로는 창원, 김해, 부산과 이웃해 있고 서쪽으로는 전라남도의 광양, 여수와도 인접해 있어 동서간의 왕래가 많은 곳입니다. 거제도는 섬이긴 하지만 거제대교와 신거제대교 두 다리로 육지와 연결되어 있어 통영과 가깝습니다. 우리나라에서 제주도 다음으로 큰 섬으로, 그 인근에는 작은 섬들이 울룩불룩 산발적으로 솟아 있습니다. 바다에서 보면 산봉우리 수백 개가 서 있는 듯한 장관이어서, 이 인근은 한려해상국립공원으로 지정돼 있습니다. 외도는 정확하게 말하면 이 거제도의 중앙에서 오른쪽 바다에 자리하고 있는 작은 섬으로 인근에 산발적으로 퍼져 있는 60여 개의 섬 중 하나입니다. 특히 거제도와 좀 더

가까이에 있는 섬 '내도'와 구별하여 밖에 있는 섬이라는 뜻으로 '외도'라고 부릅니다.

외도 보타니아에 가려면 거제도에서 출발하는 배를 타야 합니다. 외도 보타니아는 지역 상생을 위해 자체적으로 배를 띄우지 않아, 해금강 관광 여객선에 그 입장료가 포함돼 있습니다. 출발하는 항구는 북동쪽에 위치한 장승포, 지세포, 와현, 구조라, 도장포, 해금강 등으로 다양합니다. 해금강 관람이 포함돼 있고, 출발하는 위치, 유람선의 상태, 배를 타는 시간 등이 다르니, 비교하여 선택하는 것이 좋습니다.

외도 보타니아는 생각보다 입도가 어려울 때가 많습니다. 보통 바다에는 바람에 의해 물결이 이는 파도가 생깁니다. 파도는 크게 보면 '풍랑'과 '너울'로 구별되는데 풍랑은 바람에 의해 급격하게 일어나 그 끝이 뾰족하고 파장이 짧은 편입니다. 반면 너울은 길고 완만하고 둥근 규칙적인 모양으로 먼 바다에서 주로 일어납니다. 그래서 얼핏 잔잔해 보일 수도 있지만 배를 뒤집을 수도 있어 매우 위험합니다. 외도는 파랑과 함께 너울이 많이 치는 바다로 알려져 있습니다. 그래서 해양경찰이 매일 파도의 상태를 확인하고 입도 여부를 결정합니다. 섬이라는 특성

상 어렵게 찾아갔지만 입도가 불가능할 때도 많으니 반드시 떠나기 전 입도 여부를 확인하는 것이 필요합니다.

외도 보타니아는
무슨 뜻일까?

외도는 1976년 관광농원으로 문을 열었고, 1990년 건설부에서 문화시설로 지정을 받은 후 한려해상국립공원으로 편입되었습니다. 그러다 2005년 그 이름을 지금의 '외도 보타니아'로 바꾸어 가족이 아름다운 섬정원을 운영하고 있습니다.

외도는 섬의 이름이고, 보타니아라는 말이 생소할 텐데요. 보타니아는 식물에 대한 공부를 뜻하는 '보타니botany'와 낙원을 뜻하는 '유토피아utopia'를 합성하여 만든 이름입니다.

'외도 보타니아'라는 이름이 이 섬의 정체성을 말해 줍니다. 식물을 좋아하고, 식물을 공부하고, 식물로 풍성한 섬이라는 의미입니다. 물론 외도에는 수많은 구조물, 조각물, 건축물들이 매우 이국적으로 자리 잡고 있어서 이런 부분이 먼저 부각될 수도 있지만, 결론적으로는 이름에서 말해 주듯 이 섬은 그 시

작이 식물을 좋아하는 마음에서 출발했음을 잘 알 수 있습니다. 그래서 외도를 관람하실 때 이 섬 안에서 키우고 전시하는 특별한 식물에 좀 더 관심을 기울이면 더 많은 볼거리를 찾을 수 있습니다.

외도 보타니아의
특별한 기후

외도 보타니아가 이국적으로 보이는 까닭이 꼭 건물, 구조물 때
문만은 아닙니다. 우선 그 안에서 자라고 있는 식물이 매우 다
릅니다. 그렇다면 야자나무를 비롯하여 이국적으로 보이는 식
물들이 외도에서 자랄 수 있는 이유는 뭘까요? 그건 바로 외도
의 특별한 기후 때문입니다.

우리나라는 온대 지역으로 분류되지만 아열대, 난대, 온대, 한
대가 모두 나타나는 매우 복합적인 기후 분포를 보입니다. 게다
가 백두대간으로 일컬어지는 산맥으로 인해 서쪽은 낮고 동쪽
은 높은 동고서저의 지형을 지녔고, 해발 1000미터 미만의 구
릉성 산이 국토의 70퍼센트를 차지하고 있어 지역별 기후가 매
우 복잡하고 다양합니다. 이런 가운데 외도 보타니아가 위치한
남해안 거제도 일대의 기후는 서울, 경기로 분류되는 경기 북부

지역, 내륙인 대전을 포함한 충청도, 그리고 경상북도와는 매우 다릅니다.

거제도의 기후는 특히 겨울이 매우 독특한데, '온난습윤'이라는 말로 이해할 수 있습니다. 즉, 겨울철 1월, 2월 평균 기온이 7~9도 사이로 따뜻하여 눈이 거의 내리지 않습니다. 이른바 시베리아에서 불어오는 북서계절풍의 영향을 우리나라에서 가장 덜 받는 지역이어서 겨울에도 상당히 온화한 지역이라고 할 수 있습니다.

여름도 다릅니다. 여름에는 남동계절풍의 영향을 받으며, 특히 대만 아래쪽 뜨거운 바다의 물이 일본 동쪽으로 흘러가는데 이때 일부 난류가 거제도를 포함한 우리나라의 남동쪽 바다로도 흘러 갑니다. 그런데 동해 끝에서는 북한 쪽에서 내려오는 차가운 물이 있기 때문에 여기에서 한류와 난류가 만나면서 충돌을 일으켜 엄청난 비구름을 형성하는 거죠.

그래서 거제도에는 제주도보다 더 많은 비가 내립니다. 일 년 평균 2100밀리리터에 달하는 비가 내리기 때문에 아열대기후가 나타나죠. 이렇게 비가 많이 내리고 따뜻한 기후 탓에 이 지역에서는 야자나무를 비롯해 소철, 먼나무, 돈나무 등 난대식물이 자생하기에 적합합니다.

거제도에 딸린 작은 섬 외도 역시 이와 같은 기후를 보이고 있어서 난대식물이 매우 잘 자라는 특징이 있습니다. 특히 외도 보타니아에는 자생 가능한 난대식물이 많이 있고, 세계 여러 나라의 수종도 다수 갖추어 정원의 중점 식물로 키우고 있습니다.

세계 여러 섬정원과
어깨를 나란히

외도는 1970년대까지 여섯 가구가 살고 있던 작은 섬이었습니다. 그러다 지금의 외도 보타니아를 일군 이창호, 최호숙 부부가 이 섬을 사들였고, 오늘날에 이르기까지 50년 가까운 시간 동안 섬을 일구었습니다. 처음부터 개방을 목적으로 한 것은 아니었고, 돼지 사육, 귤 농사 등에 실패하면서 결국은 내가 좋아하는 아름다운 정원이나 만들자 했던 것으로 알려져 있습니다. 1995년 농원으로 개원하고도 30년이란 세월이 흘렀습니다만, 해외의 사례를 보면 정원을 조성하는 데 30~40년은 그리 긴 시간이 아닙니다. 몇 대에 걸쳐 수백 년간 정원을 만든 경우도 많고, 그 긴 시간 동안 정원이 새로운 주인을 만나 디자인이 바뀌기도 합니다. 외도도 초창기 정원 모습에서 지난 30여 년간 많은 부분이 바뀌었고, 앞으로도 이 변화는 계속될 겁니다.

그런데 섬에 정원을 만든 것이 외도가 처음일까요? 아닙니다. 매우 유명한 섬정원 사례가 세계 곳곳에 있습니다. 그중 가장 유명한 곳으로 이탈리아 북부의 마조레 호수Lake Maggiore에 있는 섬정원, '이솔라 벨라Isola Bella'가 있습니다. 이 섬 역시도 원래는 어부들이 살던 곳이었지만 1600년대 이곳을 보로메오 가문의 카를로 3세CarloⅢ Borromeo가 사들여 궁궐과 정원을 만들면서 이솔라 벨라로 이름을 바꾸고 섬 전체를 정원으로 만듭니다. 17세기 화려한 바로크 양식의 건물을 짓고 정원에는 수많은 테라스(계단형 화단)를 만들어, 그 안을 진귀하고 아름다운 식물로 가득 채웠습니다. 지금도 이솔라 벨라는 정원을 관람하려는 사람들로 일 년 내내 붐비는 장소입니다.

영국 남서쪽 끝자락에 있는 실리 제도의 섬들 중에 하나인 '트레스코 애비 가든Tresco Abbey Garden'도 유명한 곳입니다. 이곳은 10세기 경까지도 많은 사람이 살았고, 규모가 상당한 성당도 있었습니다. 하지만 시간이 흐르면서 사람들이 떠나고 성도 폐허만 남았는데요. 이 섬을 1834년, 정치인 아우구스투스 스미스Augustus Smith가 사들여 자신의 집을 짓고 정원을 조성하기 시작합니다.

여러 번에 걸쳐 주인이 바뀌기는 했지만 두 섬 모두 지금도 정원을 좋아하는 많은 사람에게 사랑을 받으며 세계적인 관광지로 평가받고 있습니다.

그렇다면 이렇게 전 세계에 섬정원이 만들어지는 이유는 무엇일까요? 그건 섬이라는 고립된 공간이 주는 매력이 크기 때문입니다. 인간이 정원을 만드는 여러 이유가 있겠지만, 그중 가장 큰 것이 바로 '이상향', 즉 유토피아의 구현이라고 봅니다. 섬의 고립된 환경이 바로 이런 이상향을 연출하기에 아주 적합한 장소인 거죠. 외도 보타니아도 이 섬정원의 실질적인 디자인을 해 온 최호숙 회장의 머릿속에 그려진 이상향을 세상에 구현한 것이라 볼 수 있습니다.

때문에 섬 전체를 관람할 때, 이 섬을 가꾼 사람이 꿈꾸는 이상향이 어떻게 구현이 되었는지 그 분위기를 느끼고, 그곳에서 비슷한 환상을 가져 보는 것이 중요합니다. 정원 역사에서는 이러한 정원의 발달을 흔히 '즐거움의 정원amusement garden'이라 부르고, 이것이 현대에 이르러서는 '테마 파크'의 모습으로 발전되기도 합니다. 현재 세계에서 가장 오래된 테마 파크는 덴마크 코펜하겐의 '티볼리 가든Tivoli Gardens'입니다. 1843년에 문을 연 이곳은 즐거움의 정원이라는 개념을 가장 잘 구현한 곳이기도 합니다. 그곳에는 동화 피터팬의 세상이 만들어져 있는

데요. 미국의 월트 디즈니가 이곳을 다녀간 후 '디즈니 랜드'를 꿈꿨다는 것도 잘 알려진 이야기지요. 외도 역시 이런 범주의 정원입니다. 외국의 잡지를 보며 최호숙이라는 개인이 꿈꿔 온 상상의 섬이 몇십 년에 걸친 시간을 통해 구현된 것이죠.

외도 보타니아는
식물원, 수목원, 정원 중 무엇일까?

식물원은 '보타니컬 가든botanical garden'이고, 수목원은 '아보리 툼arboretum'이라고 씁니다. 수목은 딱딱한 목대를 지니고 있는 식물, 흔히 우리나라에서는 나무라고 불리는 식물군을 말합니다. 여기에는 부드러운 줄기를 지니고 있고 겨울이 되면 뿌리를 남긴 채 사라지는 풀이 포함돼 있지 않습니다. 그러니 모든 종류의 식물을 총망라한 식물원이 수목으로 한정된 수목원보다 더 큰 상위 개념입니다.

하지만 다양한 식물군을 보유하고 있다고 해서 모두가 식물원 이라 불리는 것은 아닙니다. 엄격하게 따라야 하는 것은 아니지 만 국제적으로 식물 연구를 위한 과학 연구 시설, 식물 종의 보존 뱅크, 학습기관 등 여러 요건이 충족될 때 식물원으로서 자격을 부여합니다.

그렇다면 정원은 어떤 의미일까요? 정원은 공간을 지칭하는 말입니다. 즉 인간이 울타리를 치고 만들어 낸 주거지 안에 식물을 키우고, 돌, 기타 장식품을 이용해 장식하는 공간 자체를 말합니다. 그래서 정원은 식물원이냐, 수목원이냐의 논의보다는 좀 더 광범위한 개념이자 인간의 주거 형태를 말한다고 할 수 있습니다. 결론적으로는 정원이라는 매우 원론적 범위 안에 식물원, 관광 농원, 수목원, 주택 정원, 상업 공간 정원 등이 모두 포함된다고 볼 수 있습니다.

그런데 20세기 이후 도시에 대규모 공원이 만들어지는 과정에서 새로운 단어가 등장합니다. 공원 자체가 엄청난 토목을 해야 하고, 다리, 연못 등의 건축 행위도 따르기 때문에 바깥 공간을 설계한다는 의미에서 조경가landscape achitect라는 명칭이 생깁니다.

정확하게는 1876년, 뉴욕 센트럴 파크에서부터 이 단어가 쓰였다고 하는데요. 뉴욕 맨해튼 센트럴 파크 공모전의 당선작은 당시 건축가였던 칼버트 보Calvert Vaux와 프레더릭 로 옴스테드Frederick Law Olmsted의 공동작업이었는데, 이때 전체 설계를 이끌어 갔던 프레더릭 로 옴스테드가 건축가와는 차별되는 의미

로 '조경가'라는 표현을 썼습니다.

이후 전문적으로 조경을 설계하는 일을 조경설계라고 부르고, 그 일을 수행하는 사람들을 조경가로 부르고 있습니다. 이 상황에서 정원이란 단어가 대규모의 공원이 아닌 일반 가정집 정원만을 일컫는 의미 축소 현상도 나타납니다. 그래서 지금은 조경설계와는 조금 다르게 단순한 설계를 뛰어넘어 예술적 차원에서 식물과 구조물 등을 디자인한다는 의미로 '가든 디자인'이라는 말도 쓰이는 중입니다.

외도 보타니아는 이런 범주를 고려했을 때, 식물을 학문적으로 연구하는 식물원도, 수목원도, 또 공공의 목적으로 탄생한 공원도 아닌, 개인 사유지에서 식물과 구조물을 잘 조화시켜 공간을 아름답게 연출한 '정원'의 범주에 들어갈 수 있습니다. 따라서 이곳에서는 국제적으로 공인된 식물의 이름(학명), 식물 연구 기관, 교육 기관 등은 찾아볼 수 없습니다. 식물과 함께 연출한 아름다운 공간을 감상하는 곳인 셈입니다.

지중해를 품은
특별한 건물들

외도 보타니아에는 개인주거지에 해당하는 사택과 관리사무소, 전망대와 비너스 가든의 정원 구조물 등 다양한 건물이 있습니다. 이 건물들은 우리나라에서는 흔히 볼 수 없는 다소 생소한 모습을 하고 있습니다. 정확하게 건물의 정체성을 규정하기는 어렵지만, 주로 그리스, 이탈리아, 스페인, 포르투갈 등 지중해 연안 나라의 건축물 형태를 닮아 있습니다. 이런 건축물은 이 섬의 주인인 이창호, 최호숙 부부의 취향이 반영된 것으로 외도 보타니아의 풍경을 좀 더 이국적으로 만들기 위한 선택이었습니다.

외도 보타니아의 건물들은 공통된 콘셉트를 지니고 있습니다. 진흙으로 구운 붉은색 지붕 소재를 쓰고 있는데 이는 로마시대

부터 있었던 지붕 재료로 지중해 일원의 나라들에서 흔히 볼수 있는 것이죠. 이 재료와 함께 벽을 흰색으로 회벽 처리하면서 좀 더 이탈리아, 그리스, 스페인 등의 가옥 같은 느낌이 들도록 연출했습니다.

식물과 건축물이 어우러져 종합적인 분위기를 만들어 내는 정원 작업에는 통일감이 무엇보다 중요한데요. 외도 보타니아는 처음부터 지중해 느낌의 건축물과 난대식물군의 조합으로 이국적인 분위기를 연출하는 데 집중했습니다.

최근 외도 보타니아에는 또 하나의 건물이 지어지는 중입니다. 가장 오래되고 추억이 가득한 사택 리하우스를 허물고 이 자리에 새롭게 숙소를 짓는 건데요. 최호숙 회장에게는 특별한 장소라 허물기엔 아쉬움이 많았지만, 바닷바람의 영향으로 손상되어 수리가 불가능한 상태였기 때문에 새로운 숙소를 만들게 되었다고 합니다. 그러나 전체 건물 외관과 테마는 그대로 지중해 느낌을 가져간다고 합니다.

실패의
외도

외도에 처음부터 정원을 조성하려던 것은 아닙니다. 처음 부부가 섬을 구입하고 시도했던 것은 고구마 농사였고, 이후에는 감귤 농사, 돼지 농장 등 여러 차례 다양한 시도를 했지만 번번이 실패를 거듭하죠. 그러다 최종으로 결정한 것이 이국적인 분위기의 정원이었습니다. 당시는 해외여행이 자유롭지 않았던 탓에 직접 다른 나라의 정원을 방문을 하기도 어려웠습니다. 최호숙 회장은 외국 잡지를 보며 정원을 상상하고 구상한 것으로 전해집니다.

외도라는 섬에 정원을 만드는 과정 또한 많은 어려움이 따를 수밖에 없었습니다. 우선 정원에 심을 식물, 건축물을 짓기 위한 자재를 모두 육지에서 공수해야 하니까요. 초창기에는 식물

하나, 건축 자재 하나까지 작은 통통배로 실어 날랐는데, 외도 주변에서 몰아치는 파도에 선박장이 휩쓸려가는 일이 비일비재였다고 합니다. 육지에서처럼 재료를 손쉽게 공급받지 못하니 조성에도 더 많은 시간과 비용이 들 수밖에 없었죠. 그리고 이런 수고로움은 지금도 계속되고 있습니다.

외도는 대만, 필리핀, 일본의 남서쪽 바다에서 여름부터 가을까지 생성되는 태풍이 지나다니는 길목에 위치하고 있어서 늘 피해가 발생합니다. 그중 가장 가혹했던 태풍이 2003년 '매미'였는데 외도뿐만 아니라 남해안 전체가 엄청난 피해를 입었습니다. 외도도 정원의 식물 중 3분의 1이 해풍으로 손상을 입었고, 그 가운데에는 외도의 상징적인 식물 디자인으로 잘 알려진 천국의 계단 편백나무도 포함되었습니다. 태풍 매미의 영향으로 완전히 초토화된 편백나무 대신 지금은 천국의 계단에 아왜나무가 자라고 있습니다.

물론 지금도 외도는 늘 태풍의 위험이 도사리고 있는 지역입니다. 크고 작은 태풍의 위험을 매년 겪으면서 자연에 대한 두려움과 경외를 느끼고, 함께 이를 극복하면서 정원을 가꿔 나가려는 의지가 늘 함께하는 곳이 외도 보타니아입니다.

드라마 겨울연가와
외도 보타니아

2002년 우리나라에서 〈겨울연가〉라는 드라마가 방영됐습니다. 시청률이 28.8퍼센트에 달할 정도로 인기가 높았죠. 국내뿐 아니라 북미, 유럽, 일본 등에 수출되었고, 특히 일본에서는 방영 후 엄청난 인기와 함께 한류 열풍을 불러옵니다. 이때부터 일본과 동남아 등지에서 우리나라의 드라마 촬영지를 찾아 관광 오는 유행이 선풍적으로 늘어났는데, 남이섬과 외도 보타니아가 이러한 촬영지의 대표 장소로 손꼽혔습니다.

드라마 〈겨울연가〉에 등장한 장소는 외도 보타니아의 사택인데, 해금강이 보이는 탁 트인 대청 같은 거실에서 시력을 잃은 남자 주인공이 여자 주인공과 재회하는 감동적인 장면의 배경이었습니다. 국내에서도 인기가 엄청났는데, 여기에 이 장면을 추억하고자 찾아온 일본 관광객의 수가 더해져 외도는 폭발적

인 방문자 수를 기록했습니다. 그 명성이 10년 넘게 외도 보타니아가 인기를 유지한 주요 원동력이 된 셈이죠.

조금 아쉬운 점은 당시 촬영지였던 집을 허물고 지금은 새로운 건물을 올리고 있어 옛모습을 볼 수 없다는 것인데요. 해풍과 태풍 등으로 손상이 심해 좀 더 견고하게, 그리고 관광객도 입장이 가능하도록 더 넓게 짓고 있다고 합니다. 곧 건물이 완공되면 새로운 외도의 대표 건물을 만날 수 있을 듯합니다.

외도의
숨겨진 예술들

외도 보타니아는 다양성을 추구하는 곳입니다. 두 시간 동안 정원 공간을 오르내리며 살펴보면 곳곳에 빈틈을 두지 않고 최대한 많은 것을 보여 주려고 노력한 흔적이 가득합니다.

선착장에 내려서 비너스 가든을 지나 전망대에 이를 때까지 가파른 오르막길을 올라야 합니다. 그리고 전망대에서 정점을 찍고 내리막길로 접어드는 곳, 이곳은 사실 그늘지고 전망도 막혀 있어서 식물을 키우기에 적당하지 않은 곳이죠. 때문에 외도에서는 가장 높은 곳이지만 쓸모가 적은 이 땅에 대형 물탱크를 설치했습니다. 그리고 물탱크 위를 그대로 보기 흉하게 둘 수 없어 많은 고민 끝에 조성한 정원이 바로 조각 공원입니다.

외도에서 매우 보기 힘든 잔디가 펼쳐진 이유도 바로 이 때문입니다. 이 잔디 위에 특별한 선물처럼 두 작가의 조각 작품이 놓

여 있습니다. 전망대에서 가까운 윗쪽에 자리한 조각은 김신옥 조각가의 작품으로 작품명은 '아담과 하와'입니다. 모던한 해석이 가미된 이 작품 아래, 잔디 광장에 놓인 또 다른 작품은 조각가 김광재의 '동심의 언덕'입니다. 아이들이 즐겨 하던 고무줄놀이, 말뚝박기와 같은 놀이가 테라코타로 조각된 토속적이지만 모던한 작품입니다.

최호숙 회장은 이 잔디밭 위에 놓을 조각품을 오랫동안 찾아다녔고, 조각 작품이 사람들에게 어렵지 않았으면 좋겠다고 생각했다고 합니다. 물론 정원에 놓았을 때 얼마나 잘 어울리느냐에도 초점을 맞추었고요.

조각 공원 외에도 외도 보타니아에는 예술가의 유명한 작품을 오마주해 구성한 공간도 많이 눈에 띕니다. 가장 최근에 완성된 방파제는 외도로 입도하는 배가 난파되는 것을 막기 위해 기능적으로 만든 것이지만, 그 모습이 스페인 바르셀로나의 위대한 디자이너 안토니 가우디Antoni Gaudi의 디자인을 연상시킵니다. 가우디의 디자인은 흔히 '카탈란 모더니즘Catalan Modernism'이라고 부르죠. 스페인 남부 지방을 통칭해 카탈루냐 지역이라고 하는데, 이 지역은 이슬람 문명과 기독교 문명이 결합된 독특한 문화를 지녔습니다. 가우디를 비롯한 바르셀로나 예술인들은 이 지역 문화의 전통성을 이어 예술에 접목했다고 보기 때문에 '카탈란 모더니즘'이라는 이름이 붙었습니다.

그중 가우디는 카탈루냐를 넘어 스페인을 대표하는 예술인으로 손꼽히지요. 그가 디자인한 구엘 공원에는 타일을 쪼개 붙여 형태를 이루는 '트렌카디스trencadis' 기법이 사용되었는데요. 물론 이러한 타일 기법을 시도한 것이 가우디가 처음은 아니지만, 이후 가우디가 세계적으로 각광받으면서 트렌카디스 타일 예술이 큰 인기를 끕니다. 외도 보타니아의 방파제에 놓인 벤치 디자인은 이 가우디의 기법을 그대로 사용함과 동시에, 외도의 식물을 주제로 하여 외도만의 특징을 잘 살렸다는 것을 알 수 있습니다.

외도 밖 외도,
널서리 카페의 탄생

외도로 가는 배를 탈 수 있는 구조라항 근처에 작은 해변이 있습니다. 이곳에 외도 보타니아가 만든 온실 카페, 외도 널서리가 있습니다. '널서리nursery'는 여러 의미가 있습니다. 미국에서는 유치원을 뜻하는 말이기도 한데, 영국에서는 주로 식물을 키우는 곳을 의미합니다.

이곳은 사실 많은 논의가 있었던 곳입니다. 원래는 이곳에 작은 정원을 만들어 파도로 입도가 불가능할 때, 찾아온 사람들이 아쉬움을 달랠 수 있는 공간을 계획했습니다. 여러 논의가 오간 끝에 최종으로 결정된 모습은 온실 형태를 갖춘 카페입니다.

온실은 온대지방에서 겨울철에도 아열대기후의 식물을 키우기 위해 시작됐습니다. 지금과 같은 쇠와 유리 구조의 온실이 처음

등장한 곳은 영국의 '채스워스chatsworth'라는 곳입니다.

채스워스는 왕족을 제외하고 영국에서 가장 영향력 있는 가문으로 손꼽히는 말보로 가문의 영지입니다. 19세기 당시 이 영지의 정원사였던 조셉 팩스턴Joseph Paxton이 아마존에서 가져온 거대한 수련을 키우기 위해 온실을 만듭니다. 아주 획기적인 쇠와 유리 구조의 온실은 이후 큰 인기를 끌었습니다.

조셉 팩스턴은 1851년에 열린 런던 만국박람회를 위해 엄청난 규모의 유리온실 '크리스털 팰리스'를 만든 것으로도 유명합니다. 안타깝게도 이 거대한 크리스털 온실은 화재로 소실되었지만, 그의 온실은 이후 전 세계 모든 온실 디자인에 영향을 미쳤습니다.

구조라 해수욕장 앞에 들어선 외도 널서리는 두 동의 온실을 두고 있습니다. 식물을 키우는 공간이라는 원래의 취지에 부합하기 위해 온실에 다양한 식물을 키우고 있죠. 위치는 구조라항에서 걸어서 5분 정도의 거리에 있습니다.

영국 정원사 베스 샤토와
최호숙의 만남

외도는 멀리 배에서 봐도 그 모습이 봉긋 솟은 형태로 경사가 만만치 않다. 바다에서 불어오는 끊임없는 바람, 산더미처럼 치솟는 파도도 무척 위협적이지만, 거의 네발로 기어올라야 할 정도의 가파른 경사를 보면 애초에 평지가 없는 외도라는 섬에 정원을 만든다는 것 자체가 무모한 도전이 아니었을까 하는 생각에 잠기게도 한다.

가끔 외도에서 잠을 자고 가는 날이면 아무도 없는 정원을 걷곤 했다. 외도의 모든 길은 거의 직선이 없다. 구불거리며 돌아가도록 동선이 짜여 있는데, 단순히 정원을 넓게 보이게 하려는 의도만은 아니다. 가파른 경사를 해결하기 위해서는 지그재그 방식의 길 내기가 필수였을 게 분명하다.

그런데 사람의 심리가 그렇다. 빠르고 신속하게 갈 수 있는 길이 보이는데 돌아가려면 불편할 수밖에 없다. 그래서 내가 걷고 있는 길이 돌아가는 길이라는 생각을 아예 차단하는 방식의 디자인이 매우 좋다.

외도의 모든 정원 길은 이 계산이 아주 잘 되어 있다. 휙 돌아서 다른 길로 인도하는 길목에 편백, 동백나무를 두툼하게 심어 시선을 차단하고 딴 생각을 갖지 못하게 한다. 그리고 길 끝에 반드시 볼거리, 앉을 수 있는 자리를 마련해 그곳을 향해 가고자 하는 마음을 불러일으킨다. 사실 가든 디자인에 있어서 이 노하우는 아주 중요하다. 외도는 전문 가든 디자이너가 있었던 것은 아니지만, 최 회장의 타고난 감각에 더해 이 지형을 수천 번 오르내린 경험으로 이 원리를 잘 반영한 듯하다.

외도 보타니아의 길에는 또 하나의 비밀이 있다. 외도의 정원을 걷다 보면 길을 잃을 일도, 다른 길로 빠질 수도 없다는 것을 눈치챌 것이다. 선착장에서 시작해 두 정점인 전망대 카페, 사랑의 언덕까지 경사를 오르내리는 동안 단 하나의 동선을 따라가도록 만들었기 때문이다. 물론 이런 단조로운 동선이 자칫 지루하게 느껴질 수도 있지만, 그 점을 극복하기 위해 외도 보타니아는 각 구간마다 일종의 '포컬 포인트focal point(시선을 사로잡는 볼거리)'를 제공한다.

"나야 디자인을 배운 것도 아니고, 내 발로 걸어서 이쯤에서는 좀 쉬어야겠다, 여기에서 이렇게 돌아서야겠다, 이렇게 만들었어. 종이에 뭘 그린다거나, 그런 걸 나는 한 적이 없지."
최호숙 회장의 이야기다.
2007년 우리는 함께 영국을 여행했는데, 그때 영국 최고의 정원사이자 자신의 이름을 딴 정원을 가꾸고 있는 베스 샤토의 정원을 방문한 적이 있다. 당시 나의 주선으로 외도를 일군 최호숙 회장과 베스 샤토가 만났다. 나는 그때 베스 샤토에게 최호숙 회장을 대한민국 최고의 섬정원을 일군 사람이라고 소개했고, 외도의 사진도 보여 주었다. 베스 샤토는 사진을 보며 내내 이 어려운 일을 어떻게 해냈느냐며 감탄했다. 언어는 통하지 않았지만, 같은 연배인 데다가 같은 일을 해 왔으니, 이

일의 영광과 실패를 잘 알고 공감하는 게 분명하게 눈에 보였다. 그때 최호숙 회장이 베스 샤토에게 이런 질문을 했다.

"당신은 어떻게 이렇게 큰 정원을 디자인했나요? 나는 걸으면서 나뭇가지도 놔 보고, 새끼줄로 그려도 보고, 그렇게 만들었어요."

이 말에 베스 샤토는 이렇게 답했다.

"나도 똑같아요. 나는 디자인을 배운 적도 없고, 식물을 연구하고, 키우고 재배하는 사람이라, 그냥 정원을 걸으면서 만들었어요. 난 모양을 잡을 때, 물 주는 긴 호스 있잖아요. 그걸 놓아 보고 화단도 만들고 길도 냈어요."

두 사람은 같은 방식의 정원 만들기를 말하고 있었다. 공통점은 이뿐이 아니었다. 2003년 사별한 최호숙 회장과 마찬가지로 베스 샤토 역시 동반자였던 남편을 일찍 여의고 홀로 이 정원을 만든 이였다. 그래서인지 혼자서 모든 걸 감내해야 했던 두 여성 정원가의 아우라가 그대로 전해지는 듯했다. 어떤 식물을 심어야 하나, 어디에 심어야 하나, 무엇을 놓아야 하나, 그런 결정 하나하나가 수도 없는 고민 끝에 내려졌다는 것이

두 사람의 성격에서도 잘 느껴졌다.

세상의 모든 성공에는 그걸 해내는 사람의 완벽주의가 있다는 것을 나는 잘 안다. 본인이 느끼는 허점을 간과하고, '이 정도면 되겠지, 누가 알겠어'라고 손을 떼는 순간 그게 소비자의 불만과 혹평으로 돌아오기 때문이다.

아는 만큼 이해가 되고 보는 것도 달라진다. 외도의 가파른 오르막길에 숨이 차오를 때 나는 잠시 서서 주변을 한 번 보라고 권하고 싶다. 그러면 바로 그 자리에 힘듦을 보상할 정성스럽게 계산된 무엇이 놓여 있음을 경험할 것이다.

2

외도의 정원들,

비너스 가든에서
천국의 계단까지

외도 보타니아에는 주제에 따라 독특한 식물과
구조물을 활용해 만든 작은 정원들이 있습니다.
이 정원들을 흔히 주제정원이라고 하는데, 크기가
큰 것도 있지만 작은 쉼터의 역할을 하는 정원도
있습니다. 각각의 정원은 그 정원에 맞는 식물이
있어서 식물이 어떻게 쓰이고 있고, 어떤 아름다움이
있는지를 보는 것도 중요한 포인트입니다.
더불어 분수, 벤치, 파고라, 건물 등을 활용해
아름다운 정원 연출을 하기도 합니다. 정원은
식물로만 연출되는 공간이 아닙니다. 식물과 함께
건물, 구조물, 장식물 등이 결합되어 얼마나 조화로운
아름다움을 일으키느냐가 중요합니다. 이 점을
느끼면서 정원을 관람한다면 더 많은 즐거움을 누릴
수 있을 겁니다.

분수대 삼거리

물 저장소의 대변신

정문을 통과해 가파른 길을 오르다가 쉬고 싶다는 마음일 들 때 쯤, 시원한 물소리가 들립니다. 시원한 물줄기가 뻗어 나오는 이 분수의 밑은 사실 물 저장소입니다.

외도는 모든 물을 육지에서 싣고 와야 해서 빗물을 받는 일이 매우 중요합니다. 받은 빗물은 주로 외도 보타니아의 식물에 주는 물로 사용하는데, 섬 곳곳에 이런 빗물을 받아 두는 저장소가 있습니다.

물이 부족한 외도에서 물을 마음껏 사용할 수 있는 분수를 둘 유일한 공간이 물 저장소 위였던 것이죠. 분수의 디자인은 최호숙 회장과 외도의 직원들이 직접 고안한 것이라고 합니다. 모든 작업을 섬에서 직원들과 직접 해야 했기 때문에 시공이 간단해야 했습니다. 그러면서도 뭔가 특별함을 주기 위해 분수를 장식

할 타일을 찾아 서울 을지로 자재 상가를 수없이 뒤졌다고 하죠. 딱 마음에 드는 타일을 찾지 못해 발을 구르던 중에 우연히 타일을 싣고 가는 트럭을 발견했는데, 그 타일이 마음에 들어 무조건 차를 세우고 기사에게 물어 타일의 수입처를 알아냈다고 합니다. 그렇게 들여온 타일로 분수를 장식하고 분수광장의 바닥과 화분 등의 제작에도 사용했습니다.

최고의 디자인은 단점을 극복하여 아름다움으로 승화시키고, 관리 기능을 잘 살려 주는 것입니다. 그런 의미에서 단점을 극복하여 정원 예술을 살린 외도 보타니아 곳곳의 디자인은 그 의미가 남다릅니다. 정원을 거닐며 이 숨겨진 기능을 경험해 보세요.

뱀부 가든

대나무를 화분에 가두다

분수광장에서 조금 더 올라가면 뱀부 가든이 나옵니다. 우리가 기대하는 울창한 대나무 숲 정원이 아닙니다. 동그란 화단에 가둬진 채로 대나무가 자라고 있는 건데요. 대나무 숲을 만들지 않은 까닭은 대나무의 특징 때문입니다. 대나무는 워낙 번식과 생장력이 뛰어나서 주변으로 매우 잘 번져 나갑니다. 자칫하면 공간 전체가 대나무로 가득 차 버리는 것이죠. 제거나 관리도 쉽지 않습니다. 외도가 다양한 식물 수종을 보여 주는 공간인 것을 감안하면 대나무를 심는 것 자체가 위험할 수 있다는 거죠.

그래서 선택한 방법이 땅 밑으로 깊게 화분을 만들고, 대나무가 다른 곳으로 번지지 않게 화분 안에서 키우는 기법입니다. 실제로 세계의 많은 식물원에서 대나무를 이런 방식으로 키우

는 기법을 많이 사용합니다. 최호숙 회장과 외도의 직원들은 정원 디자인이나 원예를 공부하지 않았음에도 경험을 기반으로 대나무의 성질을 파악하고 이 기법을 사용했습니다.

뱀부 가든 옆에는 아이스크림 가게도 있는데요. 쉼터인 이곳에서 잠시 대나무의 울창함을 감상하면서 대나무를 정원에서 이렇게 키울 수도 있구나, 느껴 보는 것도 좋을 듯합니다.

선인장 가든

왜 비닐하우스를 설치할까?

외도는 난대기후인 탓에 선인장이나 알로에 같은 식물이 잘 자랍니다. 이 식물들을 집중적으로 심은 외도 보타니아는 마치 뚜껑 없는 온실을 재현한 듯 화려한 다육식물로 가득합니다. 그러나 사실 여기에는 한 가지 문제점이 있었습니다. 난대기후라 해도 외도에도 겨울 추위가 있고, 때론 해풍의 피해도 있다 보니 지속적인 성장이 어려웠던 것이죠.

그래서 고안한 방법이 한 곳으로 선인장과 알로에 식물을 모아주고, 기상이 안 좋아지는 겨울 혹은 장마철이 오면 비닐하우스를 설치하여 보호하는 방법이었습니다. 사실 외도 보타니아에서 처음부터 잘 자랐던 식물은 거의 없습니다. 대부분이 실패를 거듭한 뒤에 외도에 맞는 원예 노하우를 개발하여 키우고 있습니다.

비너스 가든·파르테르 정원

화려한 바로크 정원이 내려앉다

비너스 가든은 해금강 쪽으로 비너스 조각물이 줄지어 서 있는 공간이어서 붙여진 이름입니다. 이곳은 외도에서 유일한 평지입니다. 모든 곳이 가파른 오르내리막인데, 이곳만이 평평하여 원래 외도에 살던 여섯 가구의 원주민도 여기에 모여 살았다고 합니다.

정원을 만들기 전에는 이곳에서 돼지를 기르기도 했고, 귤 농사를 짓기도 했습니다. 하지만 모두 실패하고 구상한 것이 해금강이 보이는 이곳에 신전 같은 기둥과 무대를 세워 공연장을 만드는 것이었다고 해요. 하지만 야외공연에 대한 실효성이 없다고 판단해서 결국은 이곳에 외도를 대표하는 정원을 만들기로 했습니다. 그렇게 탄생한 게 서양 정원의 백미라 불리는 '파르테르 정원'이었던 것이죠.

'파르테르parterre'는 식물 혹은 다양한 돌과 타일 등의 소재로 특별한 패턴을 만들어 낸 정원을 말합니다. 그런데 이 파르테르 정원의 한 가지 중요한 디자인 조건은 바로 내려다볼 수 있어야 한다는 점입니다. 왜냐하면 이 정원의 매력은 패턴이 얼마나 정교하고 예술적인지를 감상하는 것이기 때문에 정원이 지면보다 낮아야 더 잘 보이기 때문입니다.

다른 숨은 이유도 있습니다. 원래 파르테르는 17세기 프랑스 베르사유 궁전의 백미로 꽃피웠지만, 그 원류는 이슬람 문명권에서 시작된 '4분할 정원charbagh'입니다. 가운데 분수 혹은 연못을 두고, 정확하게 물을 정원에 분배하기 위해 십자형으로 물길을 냈기 때문에 정원이 자연스럽게 네 개로 분할됐던 것이죠. 이 4분할 정원의 개념이 그리스, 로마를 거쳐 서구 사회 전체로 번지면서 서양 정원 디자인의 대원칙을 만든 셈입니다.

외도 보타니아의 파르테르 정원은 섬 전체에서 가장 변화가 많았던 곳입니다. 처음에는 동백나무를 사용해 패턴을 만들었지만, 후에는 순이 나올 때 붉은 빛을 띠는 홍가시나무를 이용합니다. 하지만 이 홍가시나무도 잦은 태풍의 영향으로 세력이 안 좋아지면서 다시 새롭게 단장을 한 모습이 바로 영국 햄프턴

코트 궁Hampton Court Palace 안에 있는 프리비 가든Privy Garden 을 본뜬 디자인입니다. 사실 '파르테르 정원' 하면 프랑스 베르사유 정원을 백미로 꼽지만, 프랑스와 영국의 정원은 약간 다른 점이 있습니다. 프랑스의 파르테르 정원은 거의 식물을 쓰지 않고 패턴의 색을 자갈과 흙으로 표현하는 반면, 영국의 정원은 이 패턴 사이사이에 식물을 좀 더 풍성하게 연출합니다. 외도의 비너스 가든은 영국 방식의 파르테르 디자인을 따온 셈이죠.

보통 서양의 파르테르 정원은 패턴의 안으로 들어갈 수는 없지만, 아래로 내려가 길을 걸을 수는 있습니다. 하지만 외도 보타니아의 경우 그 크기가 다소 작은 데다, 관리의 어려움으로 아래로 내려갈 수 없습니다. 하지만 외곽을 걸으면서 파르테르 정원의 고유한 패턴 디테일과 기법을 그대로 감상할 수 있습니다.

플라워 가든
가파른 경사, 계단식 화계를 활용하다

가파른 경사는 정원을 조성하는 데 가장 큰 어려움이기도 합니다. 외도는 평균 경사도가 15도가 넘는 일종의 산악 구조입니다. 때문에 정원을 만들 때 비탈을 해결하는 문제가 매우 어려웠다고 합니다. 플라워 가든은 이 비탈을 마치 다랑이논처럼 계단식으로 만든 곳입니다. 이곳에 사계절 피어나는 꽃을 심은 화단을 연출한 셈인데요. 그런데 이런 계단식 꽃화단은 우리나라에서 화단을 연출하는 전통 방식이기도 합니다.

경복궁 자경전 뒤에도 화계가 있습니다. 말 그대로 화계는 꽃계단인데요. 굴뚝과 함께 연출된 이곳을 '아미산'이라고 부릅니다. 아미산은 불교의 성지를 말하는데, 마치 이곳이 불교의 낙원처럼 아름답다는 의미로 붙여졌을 것으로 추정합니다. 사

실 자경전 아미산 외에도 우리나라는 전통적으로 고택 앞에 마당이라는 빈 공간을 두고, 집 뒤편으로 꽃을 심는 뒷 정원, 화계를 만들었죠.

이런 화계는 우리나라 외에도 로마, 훗날에는 이탈리아 정원에서도 나타납니다. 주로 산악 지형을 지닌 지역에서 경사면을 활용하기 위해 어쩔 수 없이 계단을 만들었기 때문인 건데요. 어쨌든 외도 보타니아의 플라워 가든도 바로 이런 화계라고 볼 수 있습니다.

관리 중일 때를 제외하고, 일부 화계는 화려한 초본식물의 꽃을 감상할 수 있게 개방합니다. 꽃화단은 말그대로 키가 큰 관목이나 교목을 심지 않고 초본식물, 즉 풀이 피워 내는 꽃을 중점적으로 심는 공간이기에 그 화려함이 압권입니다. 더불어 계절마다 중점 식물을 교체하기 때문에 어느 계절에 방문해도 플라워 가든에서 화려한 꽃들의 어우러짐을 감상할 수 있습니다.

에덴 가든

조용함을 디자인하다

에덴 가든에는 아주 작은 교회가 세워져 있습니다. 그리고 매우 모던한 디자인의 십자가도 보이는데요. 사실 교회는 이 십자가에서 시작되었다고 합니다. 원래는 손바닥만 한 아주 작은 십자가였는데, 그 모던한 디자인이 무척 맘에 든 최호숙 회장이 작가에서 연락해 이 십자가를 밖에 세울 수 있을 정도로 아주 크게 작업해 달라고 요청한 것이죠.

엄밀하게는 이 교회를 종교 시설로 볼 수 없습니다. 걷다가 잠시 쉬면서 명상을 하는 정원의 일부로 조성했기 때문입니다. 실제로 이 공간은 메인 동선에서 벗어나 외도 뒤편 바다로 향하는 곳에 조용히 자리하고 있습니다. 아마 외도에서 가장 조용한 장소일 겁니다.

정원은 대지의 공간이지만, 정원 연출에 있어서는 반드시 강약이 필요합니다. 외도 보타니아는 플라워 가든이나 비너스 가든처럼 화려함이 가득하고 강한 에너지를 보여 주는 공간, 그리고 조각 정원이나 에덴 가든처럼 조용하고 시원한 분위기의 공간 등 공간 간의 안배가 매우 잘 돼 있습니다. 이런 점이 두 시간의 여정을 꽉 찬 즐거움으로 만들어 주는 요소이기도 하죠.

전망대와 카페

경사를 극복하는 방법

플라워 가든의 가파른 길을 오르고 나면, 잠시 깊은 동백나무 숲이 나옵니다. 이 숲을 지나면 곧바로 시원한 바다를 볼 수 있는 전망대가 펼쳐집니다. 여기에서 외도에 딸린 작은 섬도 볼 수 있고, 망원경을 통해 보면 해금강이 손에 잡힐 듯 가까이 보입니다. 경치가 너무 좋아서 이곳에 전망대를 만들고 건물 안에 카페를 두었구나, 이렇게 생각할 수도 있지만 그 시작은 좀 달랐습니다.

이곳은 외도에서도 경사가 가장 급한 곳입니다. 바다를 볼 수 있는 곳에서부터 정상까지 가파른 길을 올라야 하는데 이 경사가 너무 힘겨웠던 거죠. 그래서 생각해 낸 방법이 건물이었던 겁니다. 건물을 짓고 여기에 계단을 만들어서 가파른 경사를 해결해 보자는 생각이었던 거죠. 먼 풍경의 조망이 가능하

기 때문에 잠시 쉬어갈 수 있도록 건물 안에 카페를 만드는 아이디어도 생겨난 것입니다.

카페에서 여름철에는 시원한 음료를, 겨울에는 따끈하게 몸을 녹일 수 있는 음식을 판매하기도 합니다. 모든 땅은 장점과 단점을 동시에 지니고 있기 마련이죠. 그래서 때로는 최악의 조건이라고 생각했던 것이 그 해결점을 찾고 나면 최고의 장점이 되기도 합니다. 가든 디자이너 입장에서 봤을 때 외도의 많은 구조물 중에 이 전망대와 카페는 가장 외지고, 가장 가파른 최악의 조건을 가장 큰 장점으로 소화한 곳이라 볼 때마다 감탄하는 곳이기도 합니다.

사랑의 언덕(제2전망대)

풍어제를 지내던 곳, 정원이 되다

사랑의 언덕은 외도 보타니아의 정원들 중에서 가장 늦게 디자인된 곳 중 하나입니다. 원래는 외도의 원주민 여섯 가구가 살았던 곳으로, 지역민들이 풍어제를 지냈던 곳이기도 합니다. 외도에서도 가장 높은 곳에 위치해 있어 고기잡이를 떠난 배들을 한눈에 볼 수 있는 전망 좋은 장소입니다. 그러나 외도 보타니아를 개발할 당시 메인 정원 동선에서 살짝 벗어나 있던 탓에 한동안 방치되었는데요. 매년 찾아오는 외도 보타니아 고객들에게 좀 더 새로운 정원을 선보이자는 의미로 확장을 결정했습니다.

풍어제를 지낼 때는 큰 나무에 기원을 담아 줄을 묶고 기를 꽂습니다. 그때 사용했던 아름드리 당산나무가 아직도 한쪽에 자리하고 있습니다. 그 자리를 좀 더 평탄하게 만들어 서구적인

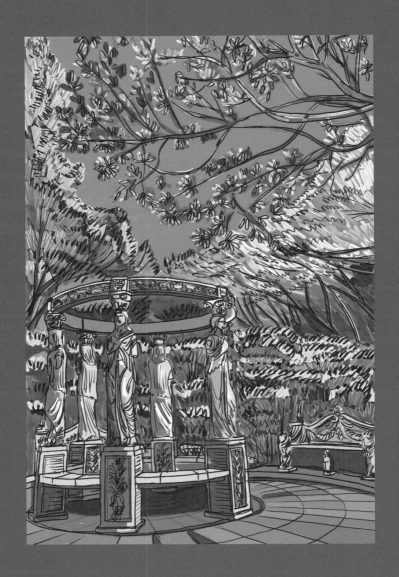

조각물을 배치하여 정원 구조물을 만들었고, 사랑하는 연인들, 가족들이 더욱 평안하길 바랄 수 있도록 '사랑의 언덕'이라고 이름 붙였다고 합니다.

이곳의 관전 포인트는 역시 전망입니다. 배가 들어오고 나가는 외도의 선착장과 멀리 해상공원을 그대로 볼 수 있는 바다가 펼쳐져 있고, 외도 전체의 정원을 마치 새가 공중으로 날아서 보듯 조망할 수 있는 곳이기도 합니다. 이곳에 서서 외도 전체가 어떻게 구성되어 있는지 잠시 가쁜 숨을 가라앉히며 바라보는 것도 좋을 듯합니다.

천국의 계단

편백나무에서 아왜나무로

———————

조각 공원에서 능선을 따라 오르다 보면 가파른 계단 길을 만납니다. 외도의 가파른 경사는 언제나 골치가 아닐 수 없었죠. 동선으로 봤을 때 여기에는 반드시 계단이 필요한데, 어떻게 하면 조금 더 지루하지 않게 볼거리를 즐기며 내려올 수 있을까, 그 고민에서 천국의 계단이 시작됐습니다.

처음에는 계단 양옆으로 외도의 바람을 가장 잘 막아 주는 편백나무를 심었는데, 키와 덩치가 커지자 이곳은 말 그대로 계단 자체가 볼거리가 될 정도로 천국처럼 아름다운 공간으로 변모했습니다. 편백나무를 구름처럼 깎은 탓에 계단에 서서 연인끼리 사진을 찍기에도 더할 나위가 없었죠. 하지만 외도 보타니아에서 가장 유명했던 이 공간은 2003년 9월에 찾아온 태풍 매미

로 인해 완전히 소실됩니다.

편백나무를 다시 심어야 하나 고민하다가 새로운 종을 심어 보기로 하고 아왜나무를 선택했습니다. 아왜나무가 난대기후의 식물이라 잘 자라고 바닷바람도 잘 막아 주기 때문입니다. 지금도 이곳은 '천국의 계단'으로 불리고 있습니다. 아왜나무가 양옆으로 늘어서서 하늘을 막아 터널처럼 보이기도 합니다.

때때로 가장 큰 약점을 극복해 매력적인 공간으로 뒤바꾸는 것이 정원 가꾸기의 즐거움이죠. 가파른 경사를 극복해 오히려 더 아름다운 공간으로 변모한 천국의 계단에 잠시 멈추어 보면 그 진가가 더욱 깊숙이 다가올 겁니다.

왜 그리
꽃이 좋았을까?

가끔 생각해 본다. 나는 무엇이 그리 좋아서 방송작가 일을 그만두고 정원이라는 낯선 분야에 뛰어들었을까. 그 시작점을 곰곰이 생각해 보면 그냥 식물이 피워 내는 잎, 꽃이 너무나 좋아서였다. 일산 집 작은 마당에 심을 식물을 찾아 주말이면 꽃시장으로 달려갔고, 갖가지 식물을 사는 재미에 흠뻑 빠져 살았다. 식물이 무럭무럭 자라고, 지고, 다시 다음 해에 그 자리에 싹을 틔울 때면 그게 무어라고 기쁨이 배가 됐다. 꽃이 무엇을 해 주는 것도 아닌데, 그냥 좋았다. 이토록 단순한 이유가 내가 영국까지 유학을 떠나고, 하던 일을 그만두고 가든 디자이너로 다시 출발하는 계기까지 만들어 낸 셈이다. 사실 나는 정원 공부를 막 시작했을 때만 해도 가든 디자이너가 되겠다는 마음이 전혀 없었다. 당시에 하던 방송작가의 일이 목에 차오를 정도로 힘겨웠고, 그래서 잠시 내 인생에 쉼표처럼 휴식을 주고 싶었다. 마냥 쉴 수 없어 내가 좋아하는 식물, 정원 공부를 해 보자는 것이 전부였다.

외도 보타니아를 방문할 때면, 나는 그 시절로 돌아가곤 한다. 내가 막 정원 공부를 시작할 때 가졌던 마음이 외도 보타니아에서 그대로 느껴지기 때문이다. 뱃길로만 찾아갈 수 있는 외딴섬. 가파르고, 척박하고, 땅을 파면 돌밖에 안 나오던 이곳에 식물을 심고, 정원을 만든 이유를 굳이 묻지 않아도 내겐 너무 잘 느껴진다.

"그때만 해도 정원에 돈 받고 입장시키는 건 생각도 못 했지. 그냥 나는 꽃이 좋아서 한 거야. 귤 농사도 잘 안되고, 돼지 농장도 안되고, 그래서 에라이, 나 좋아하는 꽃이나 잔뜩 심어 보자, 뭐 이런 마음이었지."

종종 듣는 최호숙 회장의 말이 진심임을 잘 안다. 결과를 예측하고 치밀하게 준비하여 이뤄지는 일도 있지만, 어떤 일은

'그냥 그게 좋아서'라는 이유 같지 않은 이유가 만들어 낸 결과라는 것을 나 역시 경험했기 때문이다. 내가 가든 디자이너의 길에 접어 든 이유처럼 외도 보타니아의 역사도 그냥 꽃이 좋아서 시작됐구나.

"내가 말이야. 동대문에서 옷감 장사를 했잖아. 세련된 기하학 무늬가 장사가 잘될 것 같아서 사다 놓으면 이게 안 나가는 거야. 늘 촌스러운 꽃무늬 원단만 나가는 게 정말 너무 이상하더라고. 나중에 알았어. 그게 꽃의 힘이구나. 세상 어떤 것도 이 꽃의 아름다움을 당할 수가 없는 거지."

내가 분석하는 외도 보타니아의 아름다움은 세련됨이나 유행을 선도하는 트렌드가 아니다. 외도 보타니아는 그저 빈틈없이 꽃으로 가득 찬 화려함을 보여 준다. 색상의 조합을 고려한 것도 아니고, 식물의 높낮이와 질감을 이용해 치밀하게 구성한 식물 디자인도 없다. 하지만 빈틈없이 꽃을 채워 놓고, 계절이 바뀔 때마다 다른 꽃을 배치하고, 진 꽃을 방치하지 않고 잘라 주고, 거칠게 제멋대로 자라는 나무를 잘 다듬어 보기 좋게 만들고, 어느 한 곳도 느슨하게 방치되는 곳이 없도록 최선을 다한다. 이 철저한 관리가 사실상 디자인이나 트렌드를 뛰어넘어 외도 보타니아를 낙원의 섬으로 만드는 것이다.

일 년에 두세 번은 늘 외도를 방문하는데, 갈 때마다 매번 다른 꽃을 만난다.
"나는 꽃시장으로 출근을 해. 꽃을 고르는 기준은 얼마나 꽃이 예쁜가, 얼마나 오래 피우나, 그거야. 그리고 양을 아낌없이 쓰지. 적게 쓰면 그게 오히려 역효과야."
최호숙 회장의 말이다. 이 말은 가든 디자인의 원리와 정확하게 맞아떨어진다. 식물 디자인의 원칙은 밀식에 있다. 틈을 벌려서 성글게 심는 순간 그 자리에 잡초가 파고들고, 땅이 노출되어 그 아름다움이 잘 표현되지 않는다.
외도 보타니아는 지금도 전 직원이 계절마다 어떤 꽃으로 바꾸어 심을까를 늘 고민한다. 외도는 그냥 꽃 잔치를 보러 가는 곳이라는 생각이 들 때도 있다. 그곳에서 한바탕 가득한 꽃 잔치를 잘 즐기고, 행복한 마음으로 시간을 보내고 온다면 그것으로 충분하다.

3

외도의
식물들

외도의 식물은 특별합니다. 우리나라는 한대, 온대,
난대가 섞여 있는 기후를 지니고 있습니다. 위도
상으로 높아질수록 추워지는 한대기후가 나타나고,
남쪽으로는 따뜻한 온대기후를 보입니다. 여기에
백두대간을 중심으로 동고서저 현상으로, 내륙
시베리아에서 영향을 받는 서쪽이 상대적으로 춥고,
동해 바다의 영향을 받는 동쪽이 따뜻하고 온화한
특징도 있습니다.
외도 보타니아는 거제도 아래 섬으로 온대,
난대기후를 보이는 곳입니다. 겨울철 기온이 영하로
떨어지는 일이 거의 없고, 상대적으로 여름에는
비교적 기온이 높지만, 바닷바람의 영향으로 비가
자주 내리고 바람이 불어 체감 온도 자체는 그리 높지
않은 곳이기도 합니다.
이런 기후에 맞는 독특한 식물군이 외도 섬 전체와
정원에서 아주 잘 나타납니다.

바람을 막아 주는
외도의 파수꾼, 방풍림

방풍림은 바람을 막아 주는 식물로 몇 가지 요건이 필요합니다. 일단 촘촘한 잎을 지니고 있어서 큰 바람을 막아, 잔바람으로 바꿔 주는 일이 가능해야 하죠. 더불어 키가 5미터 이상으로 높이 자라야 합니다. 또 외도의 경우에는 바닷물의 범람이 잦은 편이라 짜디짠 바람과 물기를 잘 견디는 수종이어야 합니다. 바람을 막아 주는 이 나무들 없이는 외도 전체에 3천 종이 넘는 다양한 식물을 심는 것 자체가 불가능하죠. 바람과 파도에서 외도를 지키는 세 종의 방풍림을 잊지 말고 찾아보세요.

편백나무

Chamaecyparis obtusa

외도 보타니아에는 8천여 그루가 넘는 나무가 심어져 있습니다. 원래는 감귤 농장을 하기 위해서 바닷바람을 막을 장치가 필요했고, 여러 종의 나무을 심어 본 결과 편백나무가 짠 성분이 있는 바닷가의 바람을 막고 잘 산다는 것을 알았죠. 그래서 섬 전체에 촘촘할 정도로 편백나무를 심었는데, 그럼에도 불구하고 감귤 농사는 실패하고 맙니다. 이후 섬을 정원으로 바꾸는 과정에서 이때 심었던 편백나무를 그대로 두었는데, 지금은 사라졌지만 천국의 계단이라는 이름의 가파른 오르막길 양쪽으로 줄지어 심어져 있던 것도 바로 편백나무였습니다.

편백나무의 자생지는 우리나라와 일본에 있는데 일본에서는 이 나무를 히노끼라고 부르죠. 오사카 성을 만드는 데 편백나무가 쓰였다고 하고, 아직도 일본에서는 건축 구조물과 인테리어에 편백나무를 많이 씁니다.

편백은 상록 침엽수의 대표 나무로, 키가 35미터에 이르고 성목 오렌지, 라임과 비슷한 향기가 납니다. 해안가에서 자생할 수 있는 몇 안 되는 식물종 중에 하나여서 명실공히 외도 보타니아를 지키는 수문장이라고 할 수 있습니다.

동백나무

Camellia japonica

동백나무는 학명으로 보면 일본이 자생지인 듯 보이지만 중국과 우리나라 남부 지역에 자생지를 두고 있는 난대 수목입니다. 관목의 형태가 많아서 대부분은 여러 개의 줄기가 땅에서 나오며, 촘촘한 잎을 매달고 있어서 생울타리용으로 많이 쓰입니다. '카멜리아'라는 학명은 생물학자 칼 린네Carl Linne가 게오르그 카멜Georg Kamel이라는 선교사이자 식물학자의 이름을 붙여 준 것이죠.

동백나무는 매우 중요한 한 가지 기능을 지니고 있습니다. 바로 장미를 닮은 빨갛거나, 흰색의 아름다운 꽃을 피워 낸다는 점이죠. 동백꽃은 장미를 닮은 꽃으로 유명한데요. 실제로 장미와 접목하여 품종을 만들기도 합니다. 동백은 11월부터 2월까지 추위 속에서 꽃을 피워 꽃이 없는 겨울에 큰 기쁨을 줍니다. 외도 보타니아에는 동백 생울타리가 많이 심어져 있고, 원래 자생하던 수종도 상당히 많습니다. 특정 구역에서는 아름드리 나무 형태로 자연스럽게 자란 동백나무 숲을 볼 수도 있습니다. 겨울에 외도 보타니아를 방문한다면 동백꽃의 아름다움을 잊지 말고 즐겨 보세요.

측백나무

Platycladus orientalis

상록 침엽수에 속하는 측백나무는 천천히 자라는 식물이지만, 다 크면 키가 20미터에 달하기도 합니다. 매우 작은 꽃을 피우기 때문에 꽃을 기억하기는 힘들지만 잎의 색상은 황금색, 연한 녹색, 진한 녹색 등으로 비교적 다양합니다. 측백나무는 트리머 등을 이용해 잎을 단정하게 잘라 주면 다시 또 새잎을 만들기 때문에 사람이 만들어 주는 형태대로 자라는 특징이 있습니다. 외도 보타니아는 측백 잎을 매년 2~3회 잘라 주어서 일정한 형태를 유지하도록 관리합니다. 제멋대로 자라면 정원 전체가 지저분해 보일 수 있으니 보통은 단정하게 사각형으로 잘라서 울타리가 되도록 만들지만, 외도에서는 하부를 자르고, 상부를 구름처럼 만들거나 소용돌이 모양을 만드는 등 특별한 형태잡기를 합니다. 방풍림으로 기능하다 보니 다소 많은 측백나무를 심었는데, 그로 인한 단조로움을 형태에 변화를 주어 재미와 관상 효과를 줬다고 볼 수 있죠.

해송

Pinus tunbergii

해송은 소나무의 한 종류입니다. 우리나라 내륙의 산에 자생하고 있는 소나무의 학명은 '피누스 덴시플로라Pinus densiflora'로 해송과는 다른 종류의 소나무입니다. 물론 속이 같은 관계로 유사점이 매우 많지만 근본적으로 다른 점이 있습니다.

우선 소나무는 자생 지역이 산이나 언덕입니다. 겨울 추위에 강한 편이고, 가물어도 잘 자라는 특징이 있죠. 영어로는 보통 '레드 파인Red pine'이라고 하는데, 껍질의 색이 붉기 때문에 붙여진 이름입니다. 해송은 영어로 '블랙 파인Black pine'이라 부르며 이건 껍질이 짙은 밤색을 띠고 있어 검게 보이기 때문입니다.

해송은 소나무에 비해 조금 더 껍질에 균열이 많고, 솔잎도 더 거칠고 두툼합니다. 이름에서 느껴지듯, 해송이 자생하는 지역은 해안가 주변입니다. 해안가에서 잘 자라니 바닷바람을 막아주는 방풍림 역할에 해송을 쓰는 곳이 많습니다. 외도도 마찬가지입니다. 그러나 외도의 해송은 일부러 심은 것이 아니라 외도 자체에서 자생하는 해송을 그대로 둔 것으로 알려져 있습니다.

자생지에서 자라는 해송은 그곳의 땅에 이미 적응을 끝냈기 때문에 다른 곳에서 온 식물들보다 바닷물과 바람에 잘 견디며 살아갑니다.

외도의 화려함,
난대식물들

난대식물은 난대기후를 보이는 곳에서 자생하는 식물군을 총
칭합니다. 온대기후와 아열대기후 사이의 기후라 볼 수 있는 난
대기후는 더운 여름철에는 평균 온도가 22도를 웃돌고, 온대
지역에 비해 강수량이 많은 편이며 겨울을 포함해 연평균 기온
이 14도 이상인 지대를 말합니다. 우리나라는 전체가 온대기후
로 규정되지만, 그 안에 한대에서 난대에 이르는 매우 다양한 기
후대를 지니고 있습니다. 때문에 작은 나라이지만, 기후에 따른
식물 다양성이 매우 뚜렷하죠. 우리나라에서는 거제도를 포함한
일부 남부 지역과 제주도가 난대기후를 띠는 대표 지역입니다.
특히 외도 보타니아는 이 난대기후에서 잘 자라는 식물이 모아
진 보물섬입니다.
난대기후에서는 어떤 식물들이 자랄까요? 난대식물의 주요 특

징 중 하나는 잎입니다. 영하의 추위를 견뎌야 하는 온대지방의 식물들은 대체로 잎을 크게 키우지 못합니다. 그만큼 추위에 대한 위험이 있기 때문이죠. 그래서 온대식물은 잎이 작고, 촘촘한 반면 난대식물은 추위에 대한 걱정이 없어 큰 잎을 지니고 있습니다. 덕분에 충분히 광합성을 할 수 있어서 큰 나무 밑 그늘진 곳에서도 잘 자라고, 큰 잎에 도드라지는 무늬나 색상을 지니고 있기도 합니다. 꽃도 온대기후 식물에 비해 크고, 색상도 원색으로 눈에 잘 띕니다. 때문에 난대식물의 분포가 많으면 정원이 조금 더 화려하고 볼륨감 있게 느껴집니다. 식물의 보물섬, 외도 보타니아에서 난대식물의 아름다움을 찾아 보는 즐거움을 놓치지 마세요.

담팔수

Elaeocarpus sylvestris (Lour.) Poir. var. ellipticus

담팔수는 우리나라 제주도와 일본의 남쪽 일부 지역에 자생지를 두고 있는 식물입니다. 학명인 '엘레오elaeo'에는 올리브라는 의미가 있고, '칼푸스carpus'는 과일을 의미합니다. 이런 학명을 갖게 된 것은 이 나무의 열매가 올리브와 비슷하기 때문입니다. 우리가 부르는 담팔수라는 이름은 담낭을 뜻하는 '담'과 여덟 개의 팔을 의미하는 '팔수'로 구성돼 있습니다. 팔의 의미가 좀 중요한데요. 담팔수의 잎에 여덟 개의 색상이 있다는 것에서 유래된 것으로 보기도 합니다. 올리브나무 잎과 비슷한 담팔수의 잎은 상록인데, 언제나 초록으로 있는 것이 아니라 지속적으로 한두 개의 잎이 낙엽이 들며 일 년 내내 떨어지고 새롭게 나는 현상을 반복합니다. 그래서 담팔수를 보면 초록의 잎 가운데 한두 개는 반드시 빨강으로 단풍 들어 있는 모습을 발견할 수 있습니다. 바로 이런 의미가 여덟 팔에 담겨 있는 것이지요.

난대식물인 담팔수는 당연히 겨울철 기온이 영하로 내려가는 곳에서는 생존이 불가능합니다. 외도에서 담팔수가 자랄 수 있는 이유는 따뜻한 겨울 덕분입니다. 외도 보타니아에는 우리나라에 자생지를 두고 있는 난대식물이 많습니다. 그중 대표라 할 수 있는 담팔수를 외도에서 꼭 한 번 찾아보시기를 바랍니다.

천선과나무

Ficus erecta

천선과나무는 무화과나무F. carica 그리고 고무나무F. elastica와 친척 관계에 있습니다. 이 나무들은 모두 열매, 잎, 껍질에 손상을 입으면 우유빛 액체가 나오는데 그 액체의 성분이 탄력성이 강합니다. 그래서 이중 고무나무는 고무를 만드는 재료로 많이 쓰이죠.

천선과나무는 히말라야, 인도의 아삼, 방글라데시, 베트남과 함께 제주도에도 자생지를 두고 있습니다. 키는 2~7미터까지 관목형으로 자라죠. 껍질은 약간 회색빛을 띠는데 벗겨 내서 가공하여 종이를 만드는 데 활용하기도 합니다.

무화과보다 작은 열매를 맺는데, 열매의 맛이 아주 좋지는 않지만 약재로 쓰이기도 합니다. 성장 특징은 바닷가나 섬 등에서 잘 자라며 짠기를 잘 견딘다는 것입니다. 낙엽 관목이기 때문에 가을에 잎을 떨구는 특징도 갖추고 있습니다.

외도 보타니아에서는 이 천선과나무를 하부 식재로 많이 활용하고 있어서, 큰 나무 밑에 지면을 덮는 용도로 심어 두기도 합니다. 담팔수와 함께 우리나라에 자생지를 두고 있는 난대식물로 외도 보타니아를 지키는 중요한 수종입니다.

부겐빌레아

Bougainvillea sp.

부겐빌레아는 브라질, 볼리비아, 파라과이, 페루, 아르헨티나 등 남아메리카 대륙에 광범위하게 자생지를 두고 있는 식물입니다. 생물학자 칼 린네가 18세기 프랑스 탐험선의 장군이었던 루이 앙투안 드 부갱빌Louis Antoine de Bougainville의 이름을 따서 이 식물에 이름을 붙였습니다.

부겐빌레아는 수명이 50년 가량으로 알려져 있고, 적어도 하루에 다섯 시간 이상의 직사광선을 쪼일 수 있는 환경을 좋아하며 축축한 습기를 좋아하지 않습니다. 굵고 날카로운 가시가 가지와 함께 뻗어 있기 때문에 이 식물을 관리할 때는 반드시 가죽 장갑 등 보호장비를 착용하는 것이 좋습니다.

밝고 경쾌한 분홍색의 꽃을 피우는데 실은 이 밝은 분홍색은 잎이 변화된 가짜 꽃이고 진짜 꽃은 속 안에 아주 작게 피어나죠. 잎이 색상을 변화시켜 꽃처럼 보이게 하는 이유는 수분 때문입니다. 화려한 색이 수분을 맺게 해 줄 벌과 나비 등의 곤충을 불러들이는 효과가 있기 때문이죠.

협죽도

Nerium oleander, N. indicum

협죽도는 두 개의 공식 학명이 모두 쓰입니다. 1753년에 칼 린네가 붙인 이름은 '네리움 올리앤더Nerium oleander'인데 뒤에 붙은 '올리앤더oleander'는 올리브나무를 뜻합니다. 협죽도의 잎이 올리브 잎을 닮아서 길쭉하고 끝이 뭉뚝한 형태인데다 약간 은빛이 도는 초록이기 때문에 붙여진 이름이죠.

자생지는 지중해 연안과 북 아프리카 연안으로 비교적 겨울 추위가 약한 온대지역과 아열대지역에서 자랍니다. 협죽도는 키가 2~6미터 정도로 작으면서 여러 대의 줄기가 땅에서 올라와 덤불처럼 자라는 형태를 지니고 있어 일반적으로 '관목형 수목'이라 부릅니다. 흰색 혹은 빨간색의 꽃을 피우는데, 잎과 꽃이 모두 관상용으로 뛰어나지만 강한 독성을 띤 식물이니 먹거나 씹어 몸에 들어지 않도록 주의해야 합니다.

미국 텍사스 주의 갤버스턴 지역에서는 해마다 봄이면 협죽도 페스티벌을 개최합니다. 이곳은 거리와 주택가에 협죽도를 많이 심어 놓아 '협죽도의 도시'로도 알려져 있죠. 특히 갤버스턴에 있는 무디 정원Moody Gardens에 많은 재배종이 있어서 협죽도를 가장 많이 볼 수 있는 정원으로도 유명합니다.

협죽도는 해안가에서 잘 자라기 때문에 외도 보타니아와도 무척 어울려 봄이면 아름다운 협죽도 꽃을 볼 수 있습니다.

알라만다

Allamanda sp.

알라만다는 아메리카 대륙, 그중에서도 멕시코, 아르헨티나 등의 아열대기후에서 자생하는 식물입니다. 종에 따라 다른 색의 꽃을 피우는 경우도 있지만 대부분은 노란색 트럼펫 모양의 꽃을 피우죠. 덩굴 성질이 있어서 아치나 파고라 등을 세워 두면, 여길 타고 잘 자라며 성장도 비교적 빠른 편입니다.

알라만다라는 이름은 스위스 식물학자이자 내과의사였던 프레더릭 루이 알라만드Frederic Louis Allamand의 이름을 딴 것입니다. 난대기후에서는 상록으로 잎이 지지 않고 자라죠. 열매와 줄기 등을 의약 재료로 연구 중인 식물인기도 한데요. 2022년 인도네시아의 수마트라 섬에서 한 연구원이 오랑우탄이 이 나무의 껍질을 씹은 후 자신의 상처에 바르는 장면을 목격합니다. 2주가 지난 후, 오랑우탄의 얼굴에 난 상처가 완전히 아문 것으로 알려지며 화제가 됐습니다.

외도 보타니아에서는 이 알라만다가 겨울철 월동에 실패하는 경우도 있어서 일부는 삽목하거나 혹은 씨앗을 받아 재배한 뒤 늦은 봄에 다시 식재할 때도 많습니다. 현재 외도 보타니아에는 관광객의 동선에서 벗어난 곳에 자체 월동과 재배를 위한 비닐하우스를 보유하고 있고, 이것을 전담하는 직원이 별도로 있습니다.

두란타

Durant erecta

두란타는 버베나 속의 식물입니다. 자생지는 멕시코, 코스타리카, 남아메리카 대륙에 두고 있고, 작은 관목형으로 보라색, 흰색, 푸른색의 꽃을 피우죠. 종종 화분에서 키우는 경우도 있지만, 바깥 정원에서 두란타를 보는 건 우리나라에서는 매우 드문 일입니다. 두란타는 햇볕을 좋아하고, 겨울 추위가 없어야 해서 우리나라에서는 생명을 유지하기가 매우 힘들기 때문입니다.

여름에 보라색과 흰색이 혼합된 화려한 꽃을 피우고 향기가 좋아서 인근에 있으면 두란타의 향기에 취할 수도 있습니다. 한 가지 안타까운 점은 거제도가 난대기후이긴 하지만 해양성 기후와 우리나라 겨울의 급격한 온도 변화 탓에 두란타가 늘 그 자리에서 자생하기 어렵다는 것입니다. 그래서 외도 보타니아에서는 별도의 관리 온실 두고, 겨울이 되기 전에 두란타를 비롯한 일부 난대식물들을 옮겨 월동을 돕습니다. 그리고 날이 풀리면 캐내 두었던 식물을 다시 옮겨 심는 작업을 합니다. 그냥 제자리에서 피는 듯 보이는 식물들이 실은 이런 원예적인 노력에 의해서만 생존하는 경우가 많습니다. 외도 보타니아의 화려함 속에는 이런 숨은 노력이 있음을 알고 식물을 바라본다면 좀 더 많은 감동을 받을 수 있습니다.

용설란

Agave americana

용설란은 대표적인 다육과의 식물로 잎이 가시로 변한 사막형 기후에 특화된 식물입니다. 자생지는 멕시코를 포함한 미국의 남부 지방으로 건조함과 더운 날씨에도 잘 적응하죠. 난대기후를 보이는 외도에서 겨울을 제외한 나머지 계절에는 비교적 용설란이 잘 적응하는 편이지만, 우리나라의 고온다습한 환경, 특히 비가 많이 내리는 여름철 장마 기간에는 관리가 쉽지만은 않습니다.

나무가 아닌 풀이지만 키가 무려 2.5미터에 달하고, 그 모양이 매우 독특하고도 강렬해서 이목을 집중시키는 수종입니다. 외도 보타니아에는 이 용설란이 여러 종류가 있습니다. 몸통의 색에 푸른빛을 띠는 종, 줄무늬가 있는 종도 발견할 수 있습니다. 용설란은 10~30년 정도를 사는데, 꽃은 거의 100년에 한 번 핀다고 전해집니다. 평생 꽃을 한 번도 안 피우는 경우도 있다는 거죠. 하지만 일반적으로는 수명이 다하기 전에 한 번 정도는 꽃을 피우는데, 그 꽃이 크고 화려해서 정말 아름답다고 알려져 있습니다.

가시가 매우 강하기 때문에 가까이 접근하다 얼굴을 긁히거나 혹은 찔릴 수도 있으니 거리를 두고 감상하기를 권합니다.

아왜나무

Viburnum odoratissimum var. *awabuki*

5미터 미만으로 자라는 키가 작은 목본식물에 속하는 아왜나무는 학명에 '향기가 난다'는 뜻이 포함되어 있는데요. 여름철 흰색의 꽃을 피우며 그 향기가 매우 좋습니다. 꽃이 지면 빨간 열매를 맺는데, 이 열매도 꽃처럼 예쁩니다.

아왜나무는 우리나라에서는 난대기후를 보이는 지역에서만 자생 가능하고, 자생지는 말레시아, 남아메리카 등으로 건조한 기후를 좋아합니다. 편백만큼이나 바다와 섬의 환경을 잘 견뎌 내기 때문에 외도에서 천국의 계단에 심었던 편백나무를 대신할 나무를 선정할 때 이 아왜나무를 택했습니다.

새롭게 조성된 아왜나무 천국의 계단은 상록 침엽수인 편백과는 다른 수려한 상록 활엽수의 아름다움을 잘 보여줍니다. 상록 침엽수인 편백이 짙은 녹음이 강점이라면, 아왜나무는 낙엽수처럼 수형이 아름답게 뻗어 나갑니다. 잎도 떨어지지 않는 상록 활엽수라 겨울을 푸르게 해 주는 중요한 역할을 하기 때문에 외도 보타니아에서는 더할 나위 없이 소중한 수종입니다.

천리향

Daphne odora

천리향도 학명 안에 '향기'를 뜻하는 단어가 숨어 있는 식물입니다. 비교적 이른 봄인 3~4월에 흰색 혹은 분홍색 꽃이 피는데 그 향기가 매우 진합니다. 그래서 이름도 천리를 가는 향이라는 뜻으로 '천리향'으로 부르는 거죠.

천리향은 꽃 향기만큼이나 잎도 관상 가치가 있습니다. 짙은 초록색으로 가죽처럼 도톰한 모양을 하고 있는데요. 난대기후에서는 잎이 지지 않고 상록을 유지하기 때문에 외도 보타니아의 겨울을 지키는 대표 수종이기도 합니다.

자생지는 중국에서도 남쪽 지역의 주로 기후가 온화한 곳으로, 겨울 추위에는 다소 약하지만 생명력이 매우 강인한 식물로 잘 자라는 편입니다.

천리향은 다른 식물이 꽃을 피우기 전인 이른 봄에 향기로 정원에 싱그러움을 줍니다. 정원의 식물은 계절의 안배도 중요합니다. 이른 봄에 외도 보타니아를 방문한다면, 천리향의 향기로움을 잘 즐겨 보세요.

팔손이나무

Fatsia japonica

팔손이나무는 집 안에서 키우기에도 적합한 대표적인 식물 중 하나입니다. 그러나 외도 보타니아에서는 이 팔손이를 외부 정원에서 보는 즐거움이 있습니다. 상록 활엽수로 겨울에도 기온이 영하로 떨어지지만 않으면 잎이 지지 않고 잘 생존합니다. 크림색의 작은 꽃들이 포도송이처럼 뭉쳐서 피어나는데, 꽃 자체는 그다지 관상 포인트가 없습니다. 하지만 팔손이는 손바닥을 닮은 아주 큰 잎으로 지면을 덮어 주기 때문에 외도의 비탈진 땅에 아주 요긴한 식물입니다.

정원은 관상만을 위해 식물을 심는 것이 아니라 특정 기능을 위해 식물을 심는 경우도 많습니다. 어떤 식물은 아름다운 색, 향기로 정원에서 매력을 발산하지만, 팔손이처럼 흙이 빗물이나 바람에 쓸려 내려가는 것을 막아 흙을 지켜 주고, 전체적으로 초록의 배경을 만들어 주는 중요한 역할을 하는 식물도 있습니다.

워싱턴야자나무

Washingtonia filifera

워싱턴야자나무의 자생지는 멕시코와 미국 서부 캘리포니아 등입니다. 때문에 보통 '캘리포니아 야자나무'라고 부르기도 합니다. 나무의 키가 무려 20미터에 육박하고, 잎이 부챗살처럼 뻗어 있는데 잎의 크기만 3~6미터에 달합니다. 형태를 보면 일반수목처럼 메인 줄기에서 가지가 뻗어가는 것이 아니라 거대한 트렁크(줄기)의 끝에 거대한 잎이 부챗살처럼 매달려 있어 외관이 매우 독특합니다.

야자나무 고유의 이런 형태미 덕분에 외도 보타니아는 조금 더 이국적인 남도의 느낌을 강하게 풍깁니다. 한 가지 안타까운 점은 키에 비해 뻗어 가는 가지가 없는 탓에 거센 바람에 쉽게 부러진다는 것입니다. 외도 보타니아에서도 태풍 등의 영향으로 워싱턴야자나무가 부러지는 일이 종종 발생했는데, 그래도 이 고유의 아름다움 때문에 다시 또 심기를 반복하고 있습니다.

꽃을 피우기는 하지만 특별히 볼만하다고 보기는 어렵고, 묵은 잎과 꽃이 누렇게 지푸라기처럼 붙어 있으면 죽은 나무처럼 보일 때도 있습니다. 하지만 매우 큰 키로 누가 뭐래도 외도 보타니아 전체 정원에서 높이 솟아나는 역할을 맡고 있기 때문에 매우 중요한 식물이라고 할 수 있습니다.

마호니아

Mahonia japonica

마호니아는 이른 봄 노란색 꽃을 피우는 외도 보타니아를 대표하는 식물입니다. 풀과는 달리 관목으로 딱딱한 가지를 지니고 있어서 겨울에도 그 모습이 그대로 남아 있지요. 상록의 잎을 지녀서 겨울에도 외도 보타니아에서 자주 그 모습을 볼 수 있습니다.

봄에 피는 꽃도 무척 매력적이지만, 잎도 매우 독특합니다. 무려 45센티미터에 달하는 큰 잎은 19개의 뾰족한 돌기가 있어 흥미롭습니다. 다만 돌기 끝에는 가시가 있기 때문에 손으로 만지거나 가까이 접근하는 것은 위험할 수 있습니다.

촘촘한 잎을 지니고 있어서 난대기후에서는 생울타리 종으로 많이 사용하고 있습니다. 외도 보타니아에서도 마호니아를 관상용으로 심기보다는 생울타리나 시선을 차단하는 용도, 혹은 다른 식물의 배경 역할을 하는 상록수종으로 사용하고 있어서 눈에 많이 띄는 식물은 아닙니다. 하지만 아는 만큼 보이기 마련이니 마호니아의 꽃이나 잎을 발견하면 멈춰 서서 자세히 한 번 바라보는 시간을 가져 보는 건 어떨까요. 이 식물의 가치가 눈에 보일 겁니다.

돈나무

Pittosporum tobira

돈나무는 금목서가 포함돼 있는 종으로 5~6월 흰색 꽃이 피었을 때 특유의 달콤한 향기가 멀리 퍼져 나갑니다. 그래서 일부 사람들은 이 돈나무를 '만리향'이라고 부르기도 하죠. 돈나무는 키가 큰 교목이 아닙니다. 관목형이라 키는 2~3미터 정도로 작지만, 풍성하게 자라기 때문에 덩치가 큰 편입니다. 돈나무는 거제도뿐만 아니라 제주도에서도 자생을 하고 있어서 키 큰 가로수 밑에 심는 하부 식물로 많이 사용합니다.

외도에도 돈나무가 자생했던 흔적이 있고 일부는 그대로 존치돼 있기도 합니다. 상록의 잎을 지니고 있어서, 마호니아, 아왜나무, 천리향과 함께 외도의 겨울을 초록으로 지키는 식물입니다. 난대지역의 정원이 겨울에도 푸르름을 유지할 수 있는 건 이런 상록 식물 덕택으로, 외도 보타니아의 겨울을 지키는 소중한 식물입니다.

단, 꽃이 지고 난 후에는 검은색 열매를 맺는데요. 먹을 수 없기 때문에 주의가 필요합니다.

병솔나무

Callistemon citrinus

호주, 뉴질랜드에서 자생하는 병솔나무는 남반구 온대 지역에서 잘 자라는 식물입니다. 아주 특별한 빨간 꽃을 피우는데 그 모양이 '병을 청소하는 솔'처럼 생겼다고 해서 우리나라에서는 병솔나무라고 부릅니다.

관목형 나무이기 때문에 키는 8미터까지 클 수 있지만 작은 식물입니다. 단, 지면에서 여러 가지가 뻗어 나와 풍성한 모습을 지니고 있습니다. 여름철에 꽃을 피울 때는 우리나라의 철쭉처럼 가지마다 피어나는 매우 화려한 꽃을 감상할 수 있습니다.

그러나 자생지가 건조한 지역인 탓에 고온다습한 우리나라의 여름 기후에 매우 취약합니다. 외도 보타니아에는 이 병솔나무를 겨울철에는 잠시 온실 안에 두었다가 다시 내놓는 방식으로 자생을 시키거나 매년 구입하는 방법으로 연출합니다.

하와이 무궁화

Hibiscus rosa-sinensis

상록의 잎을 지닌 관목입니다. 학명 속에 중국이라는 의미가 담겨 있어서 중국이 자생지로 알려져 있지만, 하와이를 비롯한 남태평양의 섬나라 등을 자생지로 보고 있습니다. 우리나라에서 자생하는 무궁화보다는 추위에 약하기 때문에 겨울철에 온도가 10도 이하로 내려가면 월동이 어렵습니다.

우리나라 자생 무궁화에 비해 꽃이 좀 더 화려한 원색으로 크게 피어나는 게 특징입니다. 키는 5미터에 이를 정도고, 몸통 자체가 3미터에 이를 정도로 큰 덩치로 자라는 식물입니다.

외도 보타니아에서는 다행히 월동이 가능한 상황이라 하와이 무궁화를 캐내지 않고 그 자리에서 키웁니다. 난대식물 중 하나로 꽃은 5월에서 10월까지 지속적으로 피고 지기를 반복하고, 겨울 추위가 강해지면 상록이었던 잎이 낙엽으로 떨어졌다가 다시 싹을 틔우기도 합니다. 큰 꽃과 강렬한 색으로 한여름 정원에 활력을 주는 꽃으로, 외도 보타니아의 중요한 여름꽃 중 하나입니다.

토피어리

topiary

토피어리는 살아 있는 식물의 잎을 가위로 자르고 다듬어 특별한 형태로 만드는 것을 말하죠. 토피어리가 가능한 식물은 촘촘한 잎을 지니고 있는 상록수로 측백, 편백, 주목, 회양목, 호랑가시나무 등이 대표적입니다.

토피어리가 시작된 시점은 1세기경인 로마 제국 시대로 알려져 있습니다. 당시 기록에 의하면 식물의 잎과 줄기를 자르고 단정한 형태로 만들거나 줄기를 묶어 주는 등의 원예 행위가 있었다고 합니다. 이후 서양 정원에서 매우 전통적인 정원의 형태로 토피어리가 등장했습니다. 토피어리를 만드는 사람을 '식물 이발사'라고 부르기도 했어요. 주로는 사냥꾼, 사냥개, 다람쥐, 새 등의 모습으로 많이 만들어 냅니다.

외도 보타니아의 토피어리는 대부분 편백나무를 사용하고 있습니다. 편백 자체가 워낙 잘 자라는 성질이 있고, 잎을 잘라 주면 더 촘촘하게 피어나기 때문에 단순한 예술 행위가 아니라 편백나무를 잘 관리하기 위해 정기적으로 일 년에 2-3회 정도 토피어리 관리 작업을 시행합니다.

아직도 꿈꾸는
외도

2007년과 2013년, 나는 최호숙 회장과 함께 영국, 이탈리아, 네덜란드로 정원 여행을 떠났다. 2007년은 내가 영국에서 유학하던 시절이었고, 2013년은 한국에 돌아온 뒤였는데, 이때는 5월 첼시 플라워쇼 기간에 맞춰 함께 한국에서부터 같이 여행을 떠났다.

최호숙 회장은 2013년에 고관절에 이상이 생겨서 휠체어를 타고 이동해야 할 정도로 상황이 좋지 않았다. 여행 중에 그의 막내딸과 나의 남편이 번갈아 휠체어를 몰았다. 그는 "미안해서 어쩌나, 고마워요"라는 말을 입에 달고 있었다. 관절통증으로 약을 한 움큼씩 먹으면서도 그가 여행을 감행한 이유는 하나였다. 시간이 흐르면 더 안 좋아질 몸이니 지금이

어쩌면 마지막 여행일지도 모른다는 다급함이 있었을 것이다. 영국의 시인 비타 색빌웨스트가 만든 정원 시싱허스트 캐슬 가든을 비롯하여, 윌리엄 켄트의 루샴 가든, 헨리 호어의 스타워헤드 가든 등 주옥 같은 영국의 정원을 찾아다니는 동안 그는 차 안에서는 끙끙 앓다가도 막상 도착하면 휠체어에서 벌떡 일어나 정원 구석구석을 우리보다 더 빠른 발걸음으로 이리저리 돌아다녔다.

당시 최호숙 회장은 이집트 정원을 꿈꾸고 있었다. 외도에 아직 개발하지 않은 공간에 색다른 정원을 만들어 볼 참이라고 했다. 그 영감을 찾기 위해 이미 수년 전, 이집트 여행을 하기도 했다. 그래서 이 여행에서 특별히 이집트식 인테리어 디자인을 접목한 런던 해러즈 백화점을 방문하기로 했다. 또 잉글랜드 북부에 위치한 도시 스토크 온 트렌트에 위치한 비덜프 그랜지 가든도 여행 일정에 포함했다.

오락가락하는 비를 뚫고 어렵게 찾아간 비덜프 그랜지 가든은 그날 하필 폭우가 쏟아져서 관람하기 좋지 않았다. 휠체어를 끌기도 어려워서 그냥 포기해야 할 것 같았다. 그러나 최호숙 회장은 그럴 수 없다며 빗속을 우산도 쓰지 않고 성큼성큼 앞장서 나갔다. 그는 주목나무로 깎은 이집트 신전과 그 앞에 놓인 스핑크스 앞에서 눈을 반짝였다.

"이 정도면 우리도 할 수 있겠어. 주목 대신 우리는 편백나무로 바꾸고, 스핑크스는 작은 모형 하나 있으면 크게 만들 수 있겠네."

혹여나 그가 감기가 걸릴까 봐 동동거리는 막내딸의 걱정에도 아랑곳하지 않고 최호숙 회장은 비 내리는 정원을 내내 돌아다녔다. 차로 돌아온 그는 오히려 생기가 넘쳐 보였다.

"아이고, 오 작가. 우리 이집트 정원 그림 한번 그려 봐 줘. 내가 만드는 건 얼마든지 할 수 있어."

안타깝게도 그가 수년 동안 꿈꾸었던 이집트 정원은 외도에 실현되지 못했다. 자금 문제도 있었고, 직원들이 식사를 할 수 있는 시설이 더 급선무라 이집트 정원을 만들고자 했던 그 자리를 내주기로 마음을 바꾼 탓이었다. 하지만 시간이 한참 지난 후에도 그는 당시 내가 그려 주었던 이집트 정원에 대한 희망을 여전히 품고 있다고 말하곤 했다.

이제 여든을 넘긴 나이임에도 불구하고 그는 나를 만날 때마다 뭔가 새로운 꿈을 말하곤 한다.

"내가 말이야. 유튜브를 해."

그래니 아일랜드라는 채널을 만들었다고 해서 들어가 보니, 정원 이야기보다는 새로운 도전에 대한 기록이 더 많았다.

"아니, 내가 스카프를 목에 척 두르고 스포츠카 한 번 타 보는 게 소원이었는데 그걸 해 봤어. 차를 빌려주는 데가 있더라고. 이렇게 간단한 걸 그동안 왜 그렇게 못 했을까 몰라."

뭐라 하는 사람도 없겠지만 스스로 맘에 걸리는지, 이런 말로 반문하기도 했다.

"남들이 보면 노인네 주책이라고 하겠지. 근데 그러면 좀 어때. 꿈이 뭐 꼭 거룩하고 영광스러워야만 하나."

1967년생인 나는 1936년에 태어난 최호숙 회장의 삶이 얼마나 척박했는지 잘 모른다. 따져 보면 열네 살에 6·25를 겪었고, 보릿고개로 힘겨웠던 1960년대에는 굶어 죽을 수 있다는 공포를 느끼며 꽃다운 20대를 보낸 셈이다. 지금의 내가 상상조차 해 보지 못한 국가적 혼란과 가난 속에서 어찌 그가 '정원'이라는 그 낯선 단어를 꿈꾸게 되었을까. 그리고 어떻게 그 꿈을 대한민국 남도의 섬에 실현을 했을까. 솔직히 그 과정을 당사자에게 직접 들어도, 눈으로 그 결과물을 직접 보아도 실감이 제대로 되지 않는다. 하지만 그와 함께 하는 시간 동안 나는 이 말을 종종 떠올리곤 한다.

"내가 꿈을 버리지만 않는다면 꿈이 나를 버리지는 않는다."

삶이 선사하는 수많은 우여곡절은 내 꿈을 비현실적이라고 치부하고 포기하라 속삭인다. 그것을 마침내 현실로 만든 사람은 재능이나 환경이 좋아서가 아니라 단지 그 꿈을 버리지 않았기 때문이라는 걸 나는 잘 안다. 여든을 넘긴 최호숙 회장이 아직도 매일 꾸고 있는 꿈에 나는 여전히 응원을 보낸다. 그 덕에 우리가 외도라는 남도의 꿈을 볼 수 있으니 이것만으로도 충분히 나는 그 삶에 박수를 보내고 싶다.

외도의 과거, 현재, 그리고 미래

2005년, 나는 16년간 해 오던 방송작가를 그만두고 느닷없이 영국으로 가든 디자인을 공부하러 떠났다. 짧지 않은 시간 한국을 떠나 있었지만, 그 사이에도 나는 참 묘한 인연으로 외도의 최호숙 회장을 만났고 그때의 인연이 지금까지 이어지는 중이다.

얼핏 보면 같은 영역의 일을 하며 서로에 대한 신뢰가 쌓여 갔다고 예상할 수도 있겠지만, 실상은 좀 다르다. 나는 가든 디자이너로서 외도를 분석하거나, 다른 정원과 비교하는 일을 거의 해 본 적이 없다. 왜냐하면 늘 내게 외도는 정원 그 자체가 '최호숙'이라는 사람으로 먼저 다가왔기 때문이다.

사실 10년이 넘는 세월 동안 내가 알고 지낸 그는 정원사, 가든 디자이너라는 타이틀보다는 경영자로서의 능력이 훨씬 더 출

중했다. 그는 매순간 예술성의 눈높이가 어디에서 멈춰야 하는지, 대중이 이 정원에서 무엇에 만족하고 즐거움을 느끼게 할 것인지를 끊임없이 연구하는 사람이었다. 그리고 그 모든 맥락은 외도 보타니아가 정원으로서 그리고 사업체로서 얼마나 많은 매력을 갖는가에 집중되곤 했다. 그는 늘 자신이 외국 잡지를 보며 꿈꿔 온 정원의 모습을 외도에 실현하려고 노력했다고 말하지만, 적어도 내 눈에 그의 마음은 늘 자신보다는 외도 보타니아를 찾는 대중에 머물고 있었다.

"사람들이 꽃을 보면 그렇게 좋아해. 그냥 흔한 꽃이야 시장 가서도 보잖아. 조금이라도 색다르고, 못 보던 꽃을 외도에서 찾는 거지. 그래서 나는 꽃을 찾아서 늘 헤매는 거야."

그 모든 열정이 외도 보타니아의 정원에 심은 식물, 바닥에 새겨진 꽃무늬, 화분의 장식, 조각물의 선정과 배치에 깃들어 있는 셈이다.

하지만 외도도 이제 그의 시대가 지나가는 듯하다. 아직도 여전히 왕성하게 활동하지만, 그는 자신이 떠난 이후의 외도도 머릿속에 그려 보고 있다는 것을 나는 종종 느낀다. 너무나 자연스러운 일이지만 한편으로는 최호숙의 외도가 끝나고 다시 어떤 시대가 찾아올까, 걱정과 기대가 교차한다. 외국의 정원들이 그러하듯, 오래된 정원은 시간의 흐름에 따라 그 모습이 변화한다. 누군가는 상상을 하고, 누군가는 연출을 하고, 누군가는 또 그것을 쇠퇴시키기도 한다. 정원은 그걸 만들어 내는 사람들의 열정과 영혼으로 만들어지기 때문이다.

최호숙이라는 막강했던 1세대의 시절이 지난 후, 외도는 또 어떤 모습으로 변화할지, 아직은 짐작이 잘 되지 않는다. 외도를 사랑하는 이가 그 한 사람뿐이 아니고, 그를 잘 보조했던 가족과 또 혼신을 다해 일하는 직원들이 있기에 그의 시대와는 다른 또 다른 외도 보타니아의 미래 버전이 만들어질 것이라고 믿는다.

세계 유수의 정원을 수도 없이 견학하고 공부하는 나로서는 우리나라에 외도 보타니아와 같은 정원이 있다는 것이 무척이나 자랑스럽다. 또 이 아름다운 정원이 우리의 정원 문화를 이어 주는 대들보와 같은 역할을 하길 바란다. 시대의 흐름에 변화가 찾아올지라도 켜켜이 시간을 쌓아 두고 그 뿌리가 흔들리지 않는 그런 아름다운 정원, 외도 보타니아로 남아 주길! ✸

나이를 뛰어넘은 우정에
감사하며

최호숙 외도 보타니아 회장

옆에서 지켜본 오경아는 늘 동분서주하며 오늘을 살아 내면서도 의젓하게 자신의 길을 가는 사람이다. 전시와 강의로 바쁜 일정 속에서도 꾸준히 집필을 멈추지 않는다. 물과 산이 어우러진 속초, 품위 넘치는 한옥에서 동해안의 푸른 꿈을 심으며 소박하게 살아간다. 아마도 세상에서 제일 바쁘고도 보람 있는 삶이 아닐까?

자그마한 키에 친절이 몸에 익은 그는 만인의 연인처럼 인기가 많아 일복도 많은 사람이다. 그런 그가 존경스럽고 대단하다. 그의 삶을 지켜보면 내가 위로 받는 것 같다. 이렇게 정원의 불모지였던 나라에서 가든 디자이너로 정원을 알리는 데 힘쓰는 모습이 자랑스럽다. 멀리 있어 이따금 만날 뿐이지만, 만날 때마다 부담 없는 미소가 반갑기 그지없다. 그를 만날 때마다 새로운 것을 배우며 내가 다 젊어지는 것 같아 기분이 좋다.

나는 그에게 참 신세를 많이 졌다. 정원 이론에 약한 내가 모르는 것이 있을 때마다 그에게 질문하면 늘 친절히 가르쳐 주었다. 우리는 기탄없이 의견을 말하고 가끔 미운 사람 흉도 보고, 절망의 순간에도 함께 의논하며 깔깔 웃음을 터트렸다.

이제 정원의 대가 반열에 든 그는 여전히 바쁘게 살아가지만, 20년 전이나 지금이나 그 모습이 늘 한결같다. 여기에는 가족의 지극한 사랑과 헌신이 있음을 나는 알고 있다. 오늘날의 오경아가 있기까지 헌신해 온 남편 임종기 교수를 보며 저렇게 서로 밀어주고 힘이 되어 주는 쿵짝이 잘 맞는 이 부부야말로 옛말대로 부창부수의 모습이 아닐까 생각한다.

이 부부와 함께 영국으로 떠났던 가든 투어는 언제나 내게 소중한 추억으로 남아 있다. 절뚝이면서 내가 나아가지 못할 때, 지팡이가 되어 주던 두 사람 덕분에 꿈에 그리던 영국의 정원들을 볼 수 있었다. 이 여행은 잊지 못할 기억으로 지금도 이따금 생각이 난다. 나이를 초월한 이들 부부와의 우정이 언제나 내 맘을 기쁘게 한다.

내가 새 집을 다 짓고 나거들랑, 우리 다 함께 모여 또 한 잔 축
배를 들어봅시다.

다시 만날 날을 기대하며….

2025년 봄
최호숙

도서출판 남해의봄날. 로컬북스 35

이웃한 지역이라도 자세히 들여다보면 서로 다른 자연과 문화, 아름다움을 품고 있습니다.
독특한 개성을 간직한 크고 작은 도시의 매력, 그리고 지역에 애정을 갖고 뿌리내려 살아가는
사람들의 이야기를 남해의봄날이 하나씩 찾아내어 함께 나누겠습니다.

오경아의 한국 정원 기행 1

바다를 품은 정원
낙원을 꿈꾸는 해상 농원 외도 보타니아

초판 1쇄 펴낸날 2025년 5월 30일

글·그림 오경아
편집인 박소희책임편집, 천혜란
마케팅 조윤나
사진 외도 보타니아
디자인 studio fttg
인쇄 펌피앤피

펴낸이 정은영편집인
펴낸곳 ㈜남해의봄날
경상남도 통영시 봉수로 64-5
전화 055-646-0512
팩스 055-646-0513
이메일 books@nambom.com
페이스북 /namhaebomnal
인스타그램 @namhaebomnal
블로그 blog.naver.com/namhaebomnal

ISBN 979-11-93027-49-3 03480